Rissiek
Investitionen in Humankapital

GABLER EDITION WISSENSCHAFT

Jörg Rissiek

Investitionen in Humankapital

Mit einem Geleitwort
von Prof. Dr. Hermann H. Kallfaß

DeutscherUniversitätsVerlag

Die Deutsche Bibliothek - CIP-Einheitsaufnahme

Rissiek, Jörg:
Investitionen in Humankapital / Jörg Rissiek.
Mit einem Geleitw. von Hermann H. Kallfaß.
- Wiesbaden : Dt. Univ.-Verl. ; Wiesbaden : Gabler, 1998
(Gabler Edition Wissenschaft)
Zugl.: Ilmenau, Techn.-Univ., Diss., 1998

ISBN 978-3-8244-6812-6 ISBN 978-3-322-93364-5 (eBook)
DOI 10.1007/978-3-322-93364-5

Der Deutsche Universitäts-Verlag und der Gabler Verlag sind Unternehmen der Bertelsmann Fachinformation.

http://www.gabler-online.de

Höchste inhaltliche und technische Qualität unserer Produkte ist unser Ziel. Bei der Produktion und Auslieferung unserer Bücher wollen wir die Umwelt schonen: Dieses Buch ist auf säurefreiem und chlorfrei gebleichtem Papier gedruckt.

Lektorat: Ute Wrasmann / Michael Gließner

Geleitwort

Ein umfangreicher, stetig wachsender Kapitalstock aus Sach- und Humankapital begründet den hohen und steigenden ökonomischen Wohlstand hochentwickelter Volkswirtschaften. Aufgrund dieses Kapitalbestandes ist es möglich, die volkswirtschaftlichen Ressourcen produktiv einzusetzen. Er bildet damit die Hauptquelle der Wohlstandssteigerung und determiniert die langfristige Wettbewerbsfähigkeit.

Die unternehmerischen Entscheidungen über Sachkapitalinvestitionen sind in der ökonomischen Wissenschaft durch eine umfangreiche, gehaltvolle und in sich stringente Investitionstheorie solide fundiert worden. Dagegen ist die Theorie der personellen Entscheidungen über Investitionen in Humankapital trotz deren zentraler Stellung im Produktionsprozeß von Volkswirtschaften vergleichsweise gering entwickelt. Eine ausdifferenzierte, in sich geschlossene Humankapitalanalyse liegt noch nicht vor. Es fehlt insbesondere eine Systematisierung derjenigen Faktoren, die Individuen bei ihren Entscheidungen über Investitionen zugrundelegen und eine explizite Berücksichtigung exogener marktlicher und gesamtwirtschaftlicher Einflußgrößen. Die wissenschaftliche Aufarbeitung dieser Aspekte ist bisher unbefriedigend.

Die vorliegende Dissertation liefert einen methodisch gehaltvollen und klar strukturierten Ansatz zur Analyse der Entscheidungen über Investitionen in Humankapital. In der theoretischen Betrachtung werden die Einflußfaktoren auf die individuelle Humankapitalbildung und -nutzung systematisch identifiziert, die die einzelwirtschaftlichen Entscheidungskalküle sowohl hinsichtlich des Niveaus als auch hinsichtlich der Struktur von Humankapitalinvestitionen beeinflussen, ändern und prägen können. Das verwendete Entscheidungsmodell zu den individuellen Investitionen in allgemeines und spezifisches Humankapital integriert die relevanten mikro-, meso- und makroökonomischen Einflußgrößen.

Der methodische Ansatz und die analytischen Ergebnisse der Untersuchung haben damit eine hohe wirtschaftspolitische Relevanz für die Gestaltung einer marktlichen Ordnung im Bildungssektor und auf den Arbeitsmärkten.

Hermann H. Kallfaß

Vorwort

Die vorliegende Untersuchung bildet den Abschluß meiner Investitionsphase als Wissenschaftlicher Mitarbeiter des Fachgebiets Wirtschaftspolitik der Technischen Universität Ilmenau. Sie wurde im Februar 1998 von der Fakultät für Wirtschaftswissenschaften als Dissertation angenommen, das Promotionsverfahren wurde am 10. Juni 1998 mit der wissenschaftlichen Aussprache abgeschlossen.

An erster Stelle danke ich Herrn Professor Dr. Hermann H. Kallfaß, dem Fachgebietsleiter Wirtschaftspolitik, für seine hervorragende Betreuung der Dissertation und seine stets konstruktiv-kritische Gesprächsbereitschaft. Herr Professor Dr. Lothar Wegehenkel hat dankenswerterweise das Zweitgutachten erstellt.

Meine Kollegen Frau Professor Dr. Eva Voigt und Herr Dr. Marcus Marktanner haben in der Anfangsphase, Herr Dipl.-Volkswirt Marco Czygan hat in der Endphase meiner Dissertation wichtige Hinweise gegeben. Ihren externen Sachverstand haben Herr Privatdozent Dr. Andreas Knorr und Herr Dipl.-Volkswirt Norbert Loeken in zahlreichen Diskussionen eingebracht. Bei ihnen allen bedanke ich mich für die freundschaftliche Zusammenarbeit.

Jörg Rissiek

Inhaltsverzeichnis

Abbildungsverzeichnis

Symbolverzeichnis

a	Index der Entscheidungsalternativen im Rahmen einer Kosten-Ertrags-Untersuchung
B	Erträge aus einer Entscheidungsalternative im Rahmen einer Kosten-Ertrags-Untersuchung
b_B	Belastungssatz von Basiserträgen
b_{HK}	Belastungssatz von Humankapitalerträgen
C	Kosten aus einer Entscheidungsalternative im Rahmen einer Kosten-Ertrags-Untersuchung
D	Nachfragekurve
$D_{ext.}$	Nachfragekurve unter Berücksichtigung externer Effekte
D_{Sp}	Arbeitsmarktnachfrage der Unternehmen nach sektorspezifischem Humankapital
d	Abdiskontierungsrate
DL	Arbeitsmarktnachfrage der Unternehmen nach Humankapital
E	Erträge
E_B	Basiserträge
$E_{B, mind.}$	staatlich festgesetzter Mindestlohn
$E_{B, netto}$	Nettobasiserträge
E_C	sichere Erträge aus der Humankapitalbildung
$E_{ext.}$	Erträge aus externen Effekten bei der Humankapitalbildung
E_{HK}	Erträge aus der Humankapitalbildung
$E_{HK, netto}$	Nettoerträge aus der Humankapitalbildung
E_M	Erträge aus einer Migration
E_S	Erträge aus der Humankapitalbildung bei einer spezifischen Investition
E_U	ungewisse Erträge aus der Humankapitalbildung

$E_{U, min.}$	Untergrenze der ungewissen Erträge aus der Humankapitalbildung
$E_{U, pot.}$	Obergrenze der ungewissen Erträge aus der Humankapitalbildung
e	Anzahl der Eintrittswahrscheinlichkeiten der Erträge
g	Index der Eintrittswahrscheinlichkeiten der Kosten
H	Ausgaben für die Humankapitalbildung
H*	Humankapitalausgaben bei unvollkommenem Kapitalmarkt
$H_{abs.}$	absolute Ausgabengrenze
$H_{ext.}$	Humankapitalausgaben unter Berücksichtigung externer Effekte
$H_{max.}$	maximale Ausgaben für die Humankapitalbildung
H_p*	Humankapitalausgaben bei perfektem Kapitalmarkt
h	Index für sektorspezifisches Humankapital
HK	Produktionsfaktor Humankapital
HK_{sp}	sektorspezifisches Humankapital
I	Individuum
i	Marktzinssatz
i*	Marktzinssatz im Gleichgewicht bei unvollkommenem Kapitalmarkt
i_p*	konstanter Marktzinssatz bei perfektem Kapitalmarkt
j	Anzahl der Sektoren einer Volkswirtschaft
K_C	sichere Kosten der Humankapitalbildung
$K_{dir.}$	direkte Kosten der Humankapitalbildung
$K_{dir., max.}$	Obergrenze der ungewissen direkten Kosten der Humankapitalbildung
$K_{dir., min.}$	Untergrenze der ungewissen direkten Kosten der Humankapitalbildung
$K_{dir., subv.}$	direkte Kosten der Humankapitalbildung unter Berücksichtigung staatlicher Subventionen
K_G	indirekte Kosten der Humankapitalbildung unter Berücksichtigung der Staatseingriffe
K_{HK}	Kosten der Humankapitalbildung

$K_{HK,\ netto}$	Kosten der Humankapitalbildung unter Berücksichtigung von Staatseingriffen
$K_{ind.}$	indirekte Kosten der Humankapitalbildung
$K_{ind.,\ netto}$	indirekte Kosten nach Besteuerung der Basiserträge
K_M	Kosten aus einer Migrationsentscheidung
K_S	Kosten der Humankapitalbildung bei einer spezifischen Investition
K_U	ungewisse Kosten der Humankapitalbildung
k	Anzahl der Eintrittswahrscheinlichkeiten der Kosten
m	Übergangsperiode
N	Anzahl der Investoren in Humankapital
n	zeitlicher Planungshorizont
p_E	Eintrittswahrscheinlichkeit der Erträge
p_K	Eintrittswahrscheinlichkeit der Kosten
p_M	Eintrittswahrscheinlichkeit der Erträge bei einer Migration
q	Index der Eintrittswahrscheinlichkeiten der Erträge
r	interner Zinssatz
r*	interner Zinssatz im Gleichgewicht bei einem unvollkommenem Kapitalmarkt
r_p*	interner Zinssatz im Gleichgewicht bei einem perfekten Kapitalmarkt
S	Angebotskurve mit linear steigenden Finanzierungskosten
$S_{abs.}$	Angebotskurve mit absolut begrenzten Finanzmitteln
$S_{ext.}$	Angebotskurve unter Berücksichtigung externer Effekte
S_f	Angebotskurve mit eingeschränkter Finanzierung
S_p	Angebotskurve bei perfektem Kapitalmarkt
S_{Sp}	sektorspezifisches Humankapitalangebot der Individuen auf dem Arbeitsmarkt
S_x	Angebotskurve mit diskontinuierlich steigenden Finanzierungskosten
s	Unterbrechungsperioden
SK	Produktionsfaktor Sachkapital
SL	Humankapitalangebot der Individuen auf dem Arbeitsmarkt

t	Index der Zeitperioden
$t_{opt.}$	optimale Investitionsdauer
u_E	Abdiskontierungsrate für Ungewißheit bei den Erträgen
u_K	Abdiskontierungsrate für Ungewißheit bei den Kosten
u_M	Abdiskontierungsrate für Ungewißheit bei einer Migration
V	Gegenwartswert einer Humankapitalinvestition
$V_{ext.}$	Gegenwartswert einer Humankapitalinvestition unter Berücksichtigung externer Effekte
V_M	Gegenwartswert einer Migrationsentscheidung
V_S	Gegenwartswert einer spezifischen Humankapitalinvestition
V_U	Gegenwartswert einer Humankapitalinvestition unter Ungewißheit
v	Verkürzungsperioden des Zeithorizonts
w	gesamtwirtschaftliche Wachstumsrate
$w_{erw.}$	erwartete gesamtwirtschaftliche Wachstumsrate
w_{ist}	tatsächliche gesamtwirtschaftliche Wachstumsrate
X	Entscheidungsalternative bei einer Kosten-Ertrags-Untersuchung
Y	gesamtwirtschaftliche Produktionsfunktion
z	Anzahl der Entscheidungsalternativen

1 Einleitung

1.1 Problemstellung und Zielsetzung der Untersuchung

Das Humankapital ist für die langfristige gesamtwirtschaftliche Entwicklung[1] und die internationale Wettbewerbsfähigkeit[2] von weltweit immer enger verflochtenen Volkswirtschaften als regional bestimmender Produktions- und Standortfaktor[3] von einer nicht zu unterschätzenden strategischen Bedeutung.[4] Einzelwirtschaftlich tragen die Individuen zum Aufbau des volkswirtschaftlichen Humankapitalstocks bei, indem sie in Schulen, Hochschulen und Unternehmen in ihr individuelles Wissen und in ihre Fertigkeiten investieren. Durch solche Investitionstätigkeiten eröffnen sich ihnen bessere Verdienstmöglichkeiten aufgrund höherer Arbeitsproduktivität im wirtschaftlichen Produktionsprozeß. Gleichzeitig sichern sie durch ihre Investition die Leistungsfähigkeit und das Wachstum der gesamten Volkswirtschaft. Das Humankapital ist damit eine zentrale Quelle für Wohlstandssteigerungen.

Die traditionelle Ökonomie unterscheidet menschliche Arbeitskraft und Sachkapital (inclusive des Produktionsfaktors Boden) als bestimmende Produktionsfaktoren in einer Volkswirtschaft. Die Arbeitskraft eines Menschen wird in dieser Betrachtungsweise ausschließlich unter quantitativen Aspekten als relevant ange-

---

1 Vgl. **Psacharopoulos, Woodhall** (1985).

2 Vgl. **Rübel** (1995), **Gaugler** (1994).

3 Vgl. **Buttler, Tessaring** (1993), **Kantzenbach** (1993), S. 627 - 629, **Gries** (1995a).

4 Vgl. **Schultz** (1981); vgl. auch die Diskussion zur strategischen Bedeutung des Humankapitals einer Volkswirtschaft bei **Straubhaar** (1994), **Kösters** (1994); zu aktuellen volkswirtschaftlichen Entwicklungstendenzen mit Bezug zum Humankapital vgl. **Alic** (1997), **Beck** (1997), **Mueller** (1997), **o. V.** (1997).

sehen und nur in dieser Hinsicht berücksichtigt. Demgegenüber nimmt in den modernen, hochentwickelten Volkswirtschaften der qualitative Aspekt der menschlichen Arbeit, das Humankapital, als zentrale Größe eine immer bedeutendere Rolle ein. Aber auch in weniger entwickelten, noch agrarisch strukturierten Volkswirtschaften wird zunehmend in der Förderung des Humankapitals der Bevölkerung ein Schlüsselfaktor zur Wahrnehmung von Entwicklungschancen gesehen.[5] Beide Produktionsfaktoren, Sachkapital und Humankapital, determinieren den Wohlstand und die zukünftige Stellung der nationalen Volkswirtschaften sowie der supranationalen Wirtschaftsräume in der Weltwirtschaft.

In marktlich koordinierten Volkswirtschaften erfolgt nicht nur die Allokation von Sachgütern auf Märkten, sondern der Koordinationsmechanismus Markt wirkt auch auf den vorgelagerten Faktormärkten für Sachkapital[6] und Humankapital. Die Entscheidungen über Investitionen in Humankapital betreffen jedes Individuum in einer Volkswirtschaft unmittelbar.

Sieht man Humankapital zunächst allgemein als qualitative Bestandsgröße eines Menschen in Form seines individuell erworbenen Wissens und seiner angeeigneten individuellen Fertigkeiten, dann wird sofort klar, daß jeder Mensch, ob bewußt oder unbewußt, ihm eigenes Humankapital bildet und es in der Folge regelmäßig im Produktionsprozeß materieller und immaterieller Güter in der Volkswirtschaft zur Erzielung von monetären und nicht-monetären Erträgen einsetzt. Solche Humankapitalbildung kann im Erwerb eines allgemeinen Qualifizierungsniveaus oder in einer hochspezifischen Ausbildung für eine bestimmte Tätigkeit im Berufsleben bestehen.

---

5 SCHULTZ sieht als den entscheidenden Punkt für die Modernisierung von Volkswirtschaften *„the decline in the economic importance of farmland and a rise in that of human capital - skills and knowledge."* [im Originaltext kursiv], **Schultz** (1981), S. 6; vgl. auch **Giersch** (1993c), S. 89 - 91, sowie ausführlich aus der Sicht der Development Economics **Todaro** (1994), S. 363 - 399.

6 Zu den Koordinationsmechanismen auf den Märkten für den Produktionsfaktor Sachkapital vgl. umfassend **Kallfass** (1992). Zu besonderen Aspekten des Produktionsfaktors Boden vgl. **Carell** (1968), S. 80 - 97, S. 364 - 374, **Kantzow** (1995); zur Bodenmarktpolitik vgl. **Wachter** (1993).

Für jedes Individuum stellt sich demzufolge das Entscheidungsproblem, in welche Art von Humankapital und in welchem Ausmaß es investieren soll. Mit dieser Problemstellung setzt sich diese Arbeit positiv-theoretisch en détail auseinander: Wie sieht das individuelle Entscheidungskalkül eines rational handelnden Menschen auf der Mikroebene zum Aufbau und zur Ausgestaltung von Humankapital aus, und welche exogenen Einflußgrößen auf makro- und mesoökonomischer Ebene wirken in einer Volkswirtschaft auf diese Entscheidungskalküle ein.[7]

Die Zielsetzung dieser Arbeit ist es, analytisch aus der ökonomischen Perspektive zu erklären, welche Determinanten das individuelle ökonomische Kalkül zur Bildung und zur Nutzung von Humankapital prägen, beeinflussen und verändern können. Es wird untersucht, welche ökonomisch fundierten Überlegungen ein rational handelndes Individuum als Investor bei seiner Humankapitalbildung durch investive Tätigkeiten anstellt und welche entscheidungsrelevanten Faktoren es bei seinen Investitionsentscheidungen einbezieht.

Es soll verdeutlicht werden, daß die Theorie des Humankapitalansatzes grundsätzlich zur Modellierung derartiger Entscheidungsprozesse geeignet ist, aber die individuelle Humankapitalbildung in ihrer Komplexität nicht vollständig erfassen kann. Sie muß um andere Theoriebausteine ergänzt werden, die sich auf die supraindividuelle Ebene beziehen, um ihren Erklärungsgehalt zu steigern. Hierin liegt der Ansatzpunkt und das Ziel der vorliegenden Schrift.

---

7 Die Mikro-Ebene setzt bei den einzelwirtschaftlichen Entscheidungsträgern wie den Individuen, Haushalten und Unternehmen in ihrem Verhalten auf den Güter- und Faktormärkten an, die Meso-Ebene betrachtet die Struktur einer Volkswirtschaft hinsichtlich ihrer Abgrenzung nach Sektoren, Branchen, Personengruppen oder Regionen, und die Makro-Ebene hat hochaggregierte gesamtwirtschaftliche Kreislaufgrößen zum Gegenstand. Zur Abgrenzung von mikro-, meso- und makroökonomischer Analyseebene vgl. **Ewers** (1977), S. 11 - 14, **Meißner, Fassing** (1989), S. 1 - 9, **Kruse, Berger** unter Mitarbeit von **Bonde, Frank** (1996), S. 1 - 3, **Peters** (1996), S. 22 - 27.

1.2 Historischer Überblick und theoretische Einordnung der Untersuchung

In dieser Arbeit wird der Humankapitalansatz seiner Bedeutung entsprechend als der wichtigste theoretische Baustein der Analyse zugrundegelegt. In der historischen Perspektive hat sich die Betrachtung der Qualität der menschlichen Arbeit und ihres Wertes als produktives Kapital und der mit diesem Kapital verbundenen Investitionskosten von einer historisch marginalen Relevanz zu einem bedeutenden Forschungszweig der ökonomischen Wissenschaft entwickelt.

Die ersten wissenschaftlichen Überlegungen einer Betrachtung des Menschen und seiner Arbeitsleistung hinsichtlich des Wertes seiner ökonomischen Qualifikation reichen historisch bis ins 17. Jahrhundert zurück. Eine ansatzweise Auseinandersetzung mit dem Konzept des Humankapitals hat bereits zu Beginn der modernen Nationalökonomie stattgefunden.[8]

Frühe Überlegungen mit Bezug zum Humankapital stammen von Sir WILLIAM PETTY (1623-1687). Er führte die qualitative Komponente der menschlichen Arbeit in die ökonomische Betrachtungsweise ein.[9] Die weitere historische Entwicklung des Ansatzes im 17. und 18. Jahrhundert ist bestimmt durch Arbeiten von ADAM SMITH (1723-1832), JEAN-BAPTISTE SAY (1767-1832), JOHN STUART MILL (1806-1873), in Deutschland durch JOHANN HEINRICH VON THÜNEN (1783-1850). In diesen klassischen ökonomischen Schriften wird immer wieder darauf hingewiesen, daß Arbeit im Produktionsablauf einer Wirtschaft nicht nur als reine Mengengröße relevant ist, sondern daneben auch die Art und Qualität der menschlichen Arbeit des Einzelnen bei der Güterproduktion von hoher ökonomischer Relevanz sind.[10]

---

8 Zu den wirtschaftshistorischen Wurzeln des modernen Humankapitalkonzepts vgl. **Kiker** (1966), **Thurow** (1970), S. 2 - 6, **Machlup** (1984), S. 300 f., **Cohn, Geske** (1990), S. 13 - 19, **Woodhall** (1987b), S. 1.

9 Vgl. **Rosen** (1987), S. 682, **Immel** (1994), S. 23 f.

10 Vgl. ausführlich bei **Immel** (1994), S. 23 - 81.

ADAM SMITH[11] schreibt bereits 1776 in *An Inquiry into the Nature and Causes of the Wealth of Nations* zu der höheren Entlohnung einer qualifizierten Tätigkeit in Relation zu einer unqualifizierten Tätigkeit und zu dem Rentabilitätsvergleich mit Investitionen in Sachkapital:

> „A man educated at the expense of much labor and time to any of those employments which require extraordinary dexterity and skill, may be compared to one of those expensive machines. The work which he learns to perform, it must be expected, over and above the usual wages of common labour, will replace to him the expence of his education, with at last the ordinary profits of an equally valuable capital.“[12]

Auch für JOHN STUART MILL[13] zählt in seinen *Principles of Political Economy with Some of Their Applications to Social Philosophy* von 1848 das erworbene und unmittelbar mit dem Individuum verbundene („embodied in human beings“[14]) Humankapital, hier der Handwerker eines Landes, ebenso wie Werkzeuge und Maschinen zum volkswirtschaftlichen Vermögensstock:

> „The skill, and the energy and perseverance, of the artisans of a country, are reckoned part of its wealth, no less than their tools and machinery.“[15]

Allerdings sind diese klassischen Betrachtungen zur Arbeitsqualität nicht über allgemein-einordnende Überlegungen hinausgegangen. An dieser Stelle setzt das moderne Humankapitalkonzept an.

Seit dem Ende der fünfziger Jahre dieses Jahrhunderts erlebt das Humankapitalkonzept in Form der modernen Humankapitaltheorie eine Renaissance. Das

---

11 Vgl. **Smith** (1976/1776).

12 **Smith** (1976/1776), S. 118, Textziffer 6; vgl. auch die Charakterisierung der Fertigkeiten von Personen als Bestandteil des Gesamtkapitals einer Gesellschaft auf S. 282, Textziffer 17.

13 Vgl. **Mill** (1965/1848), insbesondere S. 31 - 54.

14 **Mill** (1965/1848), S. 48.

15 **Mill** (1965/1848), S. 48.

aktuelle Forschungsprogramm des Humankapitalansatzes stellt nicht mehr die Arbeitsquantität in den Mittelpunkt der wirtschaftswissenschaftlichen Auseinandersetzung, sondern konzentriert sich auf die unterschiedlichen Qualitäten der Arbeit und stellt die Einkommenswirkungen während eines menschlichen Lebens in den Vordergrund.

Die beiden Wirtschaftsnobelpreisträger GARY S. BECKER[16] und THEODORE SCHULTZ[17] sowie JACOB MINCER[18] gelten bis heute als die Hauptvertreter der modernen Humankapitaltheorie.[19] In ihren jeweiligen Arbeiten wurden unterschiedliche Schwerpunkte gesetzt: BECKER hat in seinen einschlägigen Schriften die theoretisch-analytischen Grundlagen des Humankapitalforschungsprogramms formuliert, SCHULTZ hat die Bedeutung des Humankapitals für die dauerhafte Entwicklung von Volkswirtschaften, insbesondere in Entwicklungsländern, herausgearbeitet, und MINCER hat verschiedene Aspekte der Humankapitalbildung empirisch analysiert.

In der thematischen Ausrichtung läßt sich die Humankapitaltheorie, und damit auch die theoretisch-analytische Ausgangsbasis dieser Untersuchung, wie folgt einordnen: Der Humankapitalansatz ist innerhalb der *Labour Economics*[20] zu den

---

16 Vgl. **Becker** (1960), **Becker** (1962a), **Becker** (1967), **Becker** (1993a), **Becker** (1993b), **Becker** (1993/1964), **Becker** (1995), **Becker, Nashat Becker** (1996); vgl. auch **Habisch** (1998), **Pies** (1998).

17 Vgl. **Schultz** (1959), **Schultz** (1960), **Schultz** (1961b), **Schultz** (1962), **Schultz** (1963), **Schultz** (1965), **Schultz** (1980), **Schultz** (1990), **Schultz** (1993b).

18 Vgl. **Mincer** (1958), **Mincer** (1962), **Mincer** (1970), **Mincer** (1974), **Mincer** (1976a), **Mincer** (1984), **Mincer** (1994).

19 Vgl. **Freeman** (1987), S. 73, **Levin** (1989), S. 15, **Cohn, Geske** (1990), S. 19 f.

20 Vgl. als Überblick zu den Teilgebieten der Labour Economics **Ashenfelter, Layard** (Hrsg.) (1986), **Ashenfelter, Hallock** (Hrsg.) (1995a), **Ashenfelter, Hallock** (Hrsg.) (1995b), **Ashenfelter, Hallock** (Hrsg.) (1995c), **Ashenfelter, Hallock** (Hrsg.) (1995d); zu der historischen Entwicklung der Arbeitsmärkte vgl. auch **Grantham, MacKinnon** (Hrsg.) (1994), sowie für die Arbeitsmarktentwicklung der wichtigsten Industrieländer im 20. Jahrhundert **Dunlop, Galenson** (1978).

zentralen Teilbereichen der ökonomischen Arbeitsmarktanalyse, speziell der Angebotsseite auf diesen Märkten, zu rechnen.[21]

Die Humankapitaltheorie wird von SCHMID und VON DOSKY wohl begründet den mikroökonomisch fundierten Arbeitsmarkttheorien zugeordnet.[22] Enge Verbindungen des Humankapitalansatzes bestehen auch zu den *Economics of Education*[23], die sich mit der ökonomisch fundierten Untersuchung des Schul- und Hochschulsektors in einer Volkswirtschaft auseinandersetzt.[24] LEVIN sieht im Humankapitalansatz „the dominant single perspective“[25] innerhalb der Bildungstheorien.[26] Nach SCHULTZ ist „Education as Human Capital“[27] einzuordnen.[28] Über diese einzelnen Perspektiven hinaus sind für die nachfolgenden Untersuchungen insbesondere Kombinationen und Schnittstellen von Humankapitaltheorie, Labour Economics und Economics of Education interessant.

---

21 Vgl. die Einordnung des gedanklichen Kerns des Humankapitalansatzes in die Labour Economics bei **Freeman** (1979), S. 36 - 59, **Freeman** (1987), S. 73 f., **Wachtel** (1988), S. 180 - 196, **Kaufman** (1989), S. 289 - 351, **Flanagan, Kahn, Smith, Ehrenberg** (1989), 161 - 193, **Elliott** (1991), S. 153 - 186, **Reynolds, Masters, Moser** (1991), S. 77 - 111, **McConnell, Brue** (1992), S. 82 - 117, S. 420 - 428, **Sapsford, Tsannatos** (1993), S. 69 - 108, **Ehrenberg, Smith** (1994), S. 279 - 314, **Smith** (1994), S. 74 - 95; sowie für den deutschsprachigen Raum bei **Holler** (1986), S. 133 - 151, **Schmid, v. Dosky** (1990), S. 43 - 49, **Franz** (1993), S. 65 - 69, **Schömann** (1994), S. 19 - 24, **Franz** (1996), S. 77 - 101, **Sesselmeier, Blauermel** (1997), S. 65 - 69, S. 73 - 77.

22 Vgl. **Schmid, v. Dosky** (1990), S. 73; vgl. aber auch die ansatzweisen Überlegungen auf makroökonomischer Ebene bei **Gundlach** (1997).

23 Vgl. als Überblick zu den Economics of Education **Psacharopoulos** (Hrsg.) (1987), **Blaug** (Hrsg.) (1992), **Cohn, Johnes** (Hrsg.) (1994).

24 Vgl. die Einordnung der Überlegungen des Humankapitalansatzes in die Economics of Education bei **Blaug** (1970) S. 1 - 22, **Blaug** (1985), S. 17 f., **Woodhall** (1987a), S. 1 f., **Freeman** (1986), **Hanushek** (1986), **Levin** (1989), S. 15 f., **Cohn, Geske** (1990), S. 11 - 133, **Bowman** (1994), sowie aus einer erziehungswissenschaftlich fundierten Perspektive **Kraft, Nakib** (1991).

25 **Levin** (1989), S. 14.

26 Vgl. auch die Betrachtung formaler Bildung unter expliziter Berücksichtigung des Humankapitalansatzes aus einer systemtheoretisch orientierten Analyseperspektive bei **Feninger** (1980), insbesondere S. 72 - 81.

27 **Schultz** (1987), S. 12.

28 Vgl. **Schultz** (1987), S. 12.

Während sich die moderne Humankapitaltheorie zunächst mit der Arbeitsangebotsseite des Arbeitsmarktes beschäftigt hat,[29] wird in Übereinstimmung mit der aktuellen ökonomischen Forschung[30] auch die Nachfrage nach individuellem Humankapital auf den jeweiligen Arbeitsmärkten in der Analyse ausführlich explizit berücksichtigt und in die Analyse integriert.

Die Überlegungen der folgenden Kapitel sind mikroökonomisch fundiert, das heißt, sie bauen auf den individuellen Wahlhandlungen des Einzelnen über die Herausbildung und die langfristige Nutzung in Beschäftigungsverhältnissen seines Humankapitals auf. Er trifft seine Entscheidungen über potentielle Alternativen aufgrund der mit diesen Alternativen verbundenen unterschiedlichen Kosten und Erträgen. Den Ausgangspunkt bilden die individuell getroffenen Entscheidungen über die Humankapitalbildung, vor allem in den beiden zentralen Bereichen der Humankapitalbildung eines Individuums, einerseits die Bildung im Schul- und Hochschulsektor sowie andererseits die betriebliche Aus- und Fortbildung.

Zentrales Analyseobjekt dieser Arbeit ist damit das Individuum, das als Investor über seine Humankapitalbildung und -nutzung rational entscheidet. Dazu kommen die exogenen Einflußgrößen, die auf das individuelle Kalkül von außen einwirken und die der Einzelne bei seinen Entscheidungen zu berücksichtigen hat.

Aus diesem Anspruch, die endogenen Einflußgrößen bei der individuellen Humankapitalbildung vor dem bisherigen theoretischen Hintergrund der ökonomischen Literatur zu diesem Themenkomplex transparenter zu machen, den Analyserahmen zu erweitern und die wesentlichen supraindividuellen exogenen Determinanten analytisch im einzelnen offenzulegen, resultiert der folgende Aufbau der Arbeit.

---

[29] Vgl. **Killingsworth** (1983), S. 297 - 316.

[30] Vgl. **Kerr** (1994), S. XX.

1.3 Aufbau der Untersuchung

Die Kapitelstruktur der Untersuchung gliedert sich folgendermaßen: Die Kapitel 2 und 3 haben das theoretische Entscheidungskalkül bei Humankapitalinvestitionen aus der mikroökonomischen Sichtweise eines Individuums zum Gegenstand. In den folgenden Kapiteln 4 und 5 werden sowohl arbeitsmarktliche als auch gesamtwirtschaftliche und wirtschaftspolitische Zusammenhänge mit Bezug auf die Humankapitalbildung und -nutzung in die Schrift integriert.

Das Kapitel 2 gibt einen grundlegenden zusammenhängenden Überblick über die ökonomischen Ideen der modernen Humankapitaltheorie. Dabei wird in dieser Arbeit auf unterschiedliche Analyseperspektiven zurückgegriffen. Zunächst erfolgt eine inhaltliche Definition, Abgrenzung und Strukturierung des allgemeinen Humankapitalbegriffs nach ausdifferenzierten Kriterien. Der Humankapitalansatz beruht als ökonomische Theorie auf expliziten und impliziten Prämissen, insbesondere dem Rationalverhalten und der Präferenzenstabilität, die herausgearbeitet und diskutiert werden. Die Humankapitalbildung wird dann als eine ökonomische Gegenüberstellung von Kosten und Erträgen im individuellen Kalkül dargestellt. Kosten-Ertrags-Untersuchungen zum individuellen Entscheidungsverhalten sind damit das zentrale verwendete ökonomische Analyseinstrument. Das zweite Kapitel schließt mit einer einordnenden Auseinandersetzung bezüglich der beiden wesentlichen ökonomischen Kritikpunkte am Humankapitalkonzept, der Ability- und der Screening-Hypothese.

In Kapitel 3 werden diejenigen Einflußgrößen als Erweiterungen des Standardansatzes näher betrachtet, die das individuelle Kosten-Ertrags-Entscheidungskalkül prägen beziehungsweise verändern können: Die wesentliche Unterscheidung in allgemeine und spezifische Arten von Humankapital wird dargestellt und die daraus resultierenden Implikationen werden entwickelt. Weiter werden die zeitliche Dimension mit potentiellen Abschreibungen der Investitionen, der Einfluß der Ertragsdifferenz zwischen Erträgen aus unqualifizierter und qualifizierter Beschäftigung, der Problembereich von Entscheidungen über Humankapitalinvestitionen unter Ungewißheit und den dadurch notwendigen Informationsaktivitäten sowie Migrationsentscheidungen bei der Nutzung des Humankapitals im Raum analysiert.

Während Kapitel 3 sich mit den theoretischen Einflüssen und Wirkungen von Spezifität, Zeit, Ungewißheit und Migration auf das individuelle Entscheidungsverhalten befaßt, wird in Kapitel 4 herausgearbeitet, von welchen supraindividuellen Größen das individuelle Kalkül exogen beeinflußt wird. Das individuelle Humankapital ist nicht autonom und allein von individuellen Entscheidungen abhängig zu betrachten, sondern unterliegt verschiedenen gesamtwirtschaftlichen Einflußgrößen. Das individuelle Angebot an Humankapital muß auf dem Arbeitsmarkt durch die Unternehmen nachgefragt werden, um rentabel zu sein. Es unterliegt den Einflüssen der aktuellen Arbeitsmarktsituation und den Veränderungen, die durch die zukünftige Arbeitsmarktentwicklung bedingt sind. In einem weiteren Rahmen wirken auch gesamtwirtschaftliche Wachstumsprozesse und volkswirtschaftlicher Strukturwandel auf das individuelle Humankapitalkalkül ein und beeinflussen die langfristige Investitionsrentabilität.

Wie Kapitel 5 aufzeigt, gehen nicht zuletzt auch vom staatlichen Sektor einer Volkswirtschaft erhebliche Eingriffspotentiale aus. Der Staatssektor übt aktiv im Rahmen verschiedener Eingriffsmöglichkeiten direkten und indirekten Einfluß auf den Prozeß der Humankapitalbildung von Individuen aus. Die Rückwirkungen dieser massiven Staatseingriffe auf die individuelle Ebene sollen explizit an staatlichen Subventionen der privaten Humankapitalbildung während der Investitionsphase und verschiedenen anderen staatlichen Aktivitäten verdeutlicht und kritisch gewürdigt werden.

Das Kapitel 6 schließt mit einer zusammenfassenden Schlußbetrachtung, die die wichtigsten Untersuchungsergebnisse enthält, und ergänzenden Bemerkungen zu möglichen wirtschaftspolitischen Ansätzen und ihren Konsequenzen die Arbeit ab.

Die vorliegende Untersuchung geht in ihrer Fragestellung und den inhaltlichen Ausführungen über die traditionelle Humankapitaltheorie hinaus, die als reine Angebotstheorie eine gegebene und immer ausreichend vorhandene Arbeitsmarktnachfrage nach dem individuell angebotenen Humankapital unterstellt.[31] Sie berücksichtigt damit einen Hauptkritikpunkt an der bisherigen Humankapitaltheorie, die generell fehlende Berücksichtigung der potentiellen nachfrageseitigen Entwicklungsprozesse des Arbeitsmarktes. Im individuellen Kalkül als einer Angebotsentscheidung werden Nachfragekomponenten und exogene Einflüsse antizipiert.

Diese Arbeit stellt zunächst im Einklang mit der Humankapitaltheorie das individuelle Humankapitalangebot in den Vordergrund. Anschließend werden nacheinander Erweiterungen des Kosten-Ertrags-Kalküls vorgenommen, die Humankapitalangebote anderer Investoren, die marktliche Nachfrage der Unternehmen nach Humankapital auf dem Arbeitsmarkt und volkswirtschaftliche Struktur- und Wachstumseinflüsse sowie diverse Aktivitäten der staatlichen Wirtschaftspolitik in den verwendeten Ansatz integriert.

Die Untersuchung unternimmt so den Versuch, vor dem Hintergrund der bisherigen wirtschaftswissenschaftlichen Auseinandersetzung mit der individuellen Humankapitalbildung und -nutzung eine Erweiterung humankapitaltheoretischer Überlegungen zum Erwerbsverhalten der Individuen auf den jeweiligen Arbeitsmärkten für allgemeines und spezifisches Humankapital im gesamtwirtschaftlichen Kontext einer Volkswirtschaft in einer ganzheitlichen Betrachtung auf mikro-, meso- und makroökonomischer Ebene zu liefern.

---

31 Vgl. **Scheuer** (1987), S. 78 f., **Sesselmeier, Blauermel** (1997), S. 74.

2 Grundlagen des Humankapitalansatzes

Ausgehend von der einschlägigen wirtschaftstheoretisch fundierten Literatur zu dem Themengebiet Humankapital und Humankapitalinvestitionen werden in diesem Kapitel der ökonomische Kerngedanke des Humankapitalansatzes in seiner grundlegenden Konzeption, seinen definitorischen Begrifflichkeiten und den ihm zugrundeliegenden Annahmen eines indviduellen Kosten-Ertrags-Modells entwickelt. Dieses Standardmodell bildet die Grundlage für eigene theoretische Erweiterungen und Modifizierungen sowie für die Einbeziehung neuer theoretischer Aspekte in den nachfolgenden Kapiteln dieser Arbeit.

Abschließend werden mit der Ability- und der Screening-Hypothese zwei wichtige, aber für die Argumentationslinie dieser Schrift nicht stichhaltige, Kritikpunkte am Humankapitalansatz kurz dargestellt und gewürdigt. Das Kapitel 2 liefert damit die grundsätzlichen Überlegungen zur begrifflichen und methodischen Einordnung des hier verwendeten Ansatzes und entwickelt das individuelle Kosten-Ertrags-Kalkül als ein zentrales ökonomisches Untersuchungsinstrument für die weiteren Untersuchungen in dieser Arbeit.

2.1 Grundidee des Humankapitalansatzes

Der Humankapitalansatz stellt eine deutliche Erweiterung der traditionellen neoklassischen Modellwelt dar.[32] Er erweitert die traditionellen neoklassischen Modellansätze, indem der Ansatz die strikte neoklassische Homogenitätsan-

[32] Vgl. auch die allgemeine Diskussion neoklassischer Arbeitsmarkttheorien bei **Scheuer** (1987).

nahme beim Produktionsfaktor Arbeit mit seiner beschränkten Sicht auf die Arbeitsquantität aufgibt und die inhomogene Arbeitsqualität in den Mittelpunkt der Analyse stellt. Untersuchungsgegenstand ist ein qualitativ ausdifferenziertes, heterogenes Arbeitsangebot mit unterschiedlichen Qualitätsniveaus und verschieden differenzierten Ausprägungen der menschlichen Arbeit.[33]

Der Kern des Humankapitalansatzes liegt in der folgenden Kausalitätskette: Die Qualität des Arbeitsangebots eines Beschäftigten wird durch Investitionen in das individuelle Humankapital bestimmt. Eine Person investiert in der Gegenwart unter Inkaufnahme von Zeit und Kosten in seine Bildung und Ausbildung. Während dieser Zeitspanne, der Investitionsphase, muß die betreffende Person Ausbildungskosten tragen und auf potentielle Erträge verzichten. Diese Investition soll sich für sie in zukünftigen Perioden durch höhere monetäre Rückflüsse rentieren.[34] Der Vorteilhaftigkeitsmaßstab für die Rentabilität einer Humankapitalinvestition ist die Steigerung der Erträge aus einem Beschäftigungsverhältnis während der Erwerbsphase durch einen höheren Bestand an Humankapital.[35]

Der Ansatz beruht auf der Annahme eines „Tradeoff"[36] zwischen potentiell realisierbaren aktuellen Erträgen einerseits und zukünftigen Erträgen aus dem Einsatz von individuellem Humankapital andererseits.[37] Es wird somit unterstellt, daß die in der Vergangenheit getätigten Investitionen eines Beschäftigten in sein individuelles Humankapital die Arbeitsqualität seines heutigen und seines zukünftigen Arbeitsangebots langfristig maßgeblich determinieren.

---

33 Vgl. **Sesselmeier, Blauermel** (1997), S. 65 f.

34 Vgl. **Psacharapoulos** (1981a), S. 9 - 11, **Freeman** (1986), S. 367.

35 Für empirische Ergebnisse zum Kausalzusammenhang des Humankapitalansatzes sowie zur Rentabilität von unterschiedlichen Niveaus und Arten von individuellen Humankapitalinvestitionen vgl. **Becker** (1993/1964), S. 161 - 251, **Mincer** (1974), S. 43 - 144, **Rosen** (1976b), **Siebert** (1985), S. 28 - 50, **Oosterbeek** (1992a), insbesondere S. 23 - 52, **Kroch, Sjoblom** (1994), **Psacharopoulos** (1994), **Card** (1995), **Jorgenson, Fraumeni** (1995).

36 **Weiss** (1986), S. 604.

37 Vgl. **Weiss** (1986), S. 604.

Diesen grundlegenden kausalen Zusammenhang zeigt die nachfolgende Abbildung 1. Die Argumentationslinie des Ansatzes ist wie folgt aufgebaut:[38] Durch Investitionen in individuelles Humankapital (A) erreicht die investierende Person eine höhere individuelle Produktivität im Produktionsprozeß auf dem Arbeitsmarkt in einer Volkswirtschaft (B). Aus dieser Produktivitätssteigerung resultieren im nächsten Argumentationsschritt höhere Rückflüsse in Form von Erträgen (C), da die Beschäftigten gemäß ihrer gestiegenen Grenzproduktivität im Herstellungsprozeß höher als unqualifizierte Arbeitskräfte entlohnt werden. Dieser Wirkungszusammenhang wird im folgenden vorausgesetzt.

Abbildung 1:

Grundschema des Humankapitalansatzes

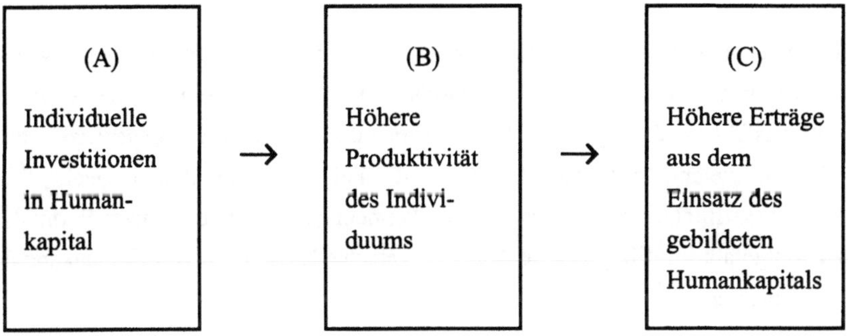

Quelle: eigene Abbildung in Anlehnung an **Cohn, Geske** (1990), S. 34.

Nach dem Humankapitalansatz lassen sich die individuellen Handlungsweisen als eine Reaktion auf die langfristigen Möglichkeiten zur Ertragserzielung im

[38] Vgl. **Cohn, Geske** (1990), S. 34 f.

Lebenslauf als allgemeine Strukturvoraussagen[39] prognostizieren.[40] Die Bereitschaft zu einem Konsumopfer durch Investitionstätigkeit in der Gegenwart führt zu höheren Erträgen und in der Folge zu zusätzlichen Konsummöglichkeiten in der Zukunft.[41]

Bei dieser Kausalität sind für weiterführende Aussagen in (A) die Begriffe Humankapital und Humankapitalinvestition zu präzisieren sowie das Entscheidungskalkül in Abhängigkeit von Kostenkategorien in (A) und Ertragskategorien in (C) durch die Produktivitätssteigerung in (B) im folgenden genauer zu fassen und inhaltlich auszufüllen. In Abschnitt 2.2 wird zunächst eine Begriffsbestimmung und -abgrenzung im einzelnen vorgenommen.

2.2 Begriff und Abgrenzung des Humankapitals

In seiner allgemeinen Definition umfaßt das Humankapital in Abgrenzung zu einer rein quantitativen Betrachtungsweise die qualitative Komponente des Produktionsfaktors Arbeit. Der Begriff Humankapital wird beispielsweise von MINCER gleichgesetzt mit „Accumulated Skills“[42] sowie „Labor Quality“[43]. Diese begriffliche Abgrenzung ist sehr allgemein gehalten und in dieser Form als zu weitgefaßt für differenzierte Analysen verschiedener Arten von Humankapital zu betrachten.

Um den Humankapitalbegriff genauer zu fassen, soll er anhand verschiedener Kriterien präzisiert und eingegrenzt werden. Dabei ist bei der begrifflichen Ab- und Eingrenzung des Humankapitals nach folgenden Kriterien zu differenzieren: (a) nach der Art des eingesetzten Kapitals (siehe Gliederungspunkt 2.2.1),

---

[39] Vgl. **Hayek** (1975).

[40] Vgl. **Psacharopoulos** (1981a), S. 15.

[41] Vgl. **Psacharopoulos** (1981a), S. 9.

[42] **Mincer** (1989), S. 27, **Mincer** (1994), S. 112.

[43] **Mincer** (1994), S. 112.

(b) nach der Art der Verwendung (siehe Gliederungspunkt 2.2.2), (c) nach der Unterscheidung in monetäre und nicht-monetäre Größen (siehe Gliederungspunkt 2.2.3) sowie (d) nach dem inhaltlich abgegrenzten Umfang des Humankapitals (siehe Gliederungspunkt 2.2.4).

2.2.1 Art des Kapitals

Für die grundlegende Begriffsbestimmung sind die beiden Begriffsbestandteile Human und Kapital wesentlich.[44] Humankapital ist human in dem Sinne, daß es immer unmittelbar und untrennbar an einen bestimmten einzelnen Menschen gebunden ist. Damit hat das Humankapital mit dem Menschen, zu dem es gehört, auch nur eine maximale, zeitlich begrenzte Lebensdauer. Durch die vollständige Bindung an ein physisches Objekt, nämlich den Körper eines Individuums,[45] ist Humankapital in Abgrenzung zu allgemeinem technischen Wissen in einer Volkswirtschaft ein rein privates Gut mit vollständiger Ausschließbarkeit.[46]

Technisches Wissen ist generell von einem einzelnen Menschen losgelöst als faktorunabhängiges Wissen verfügbar, zum Beispiel in internen oder externen Unternehmensunterlagen, auf Blaupausenmustern, in Konstruktionsplänen oder als geschütztes Patent. Es kann sogar in der einschlägigen Fachliteratur oder in Datenbanken für jeden, der an diesem Wissen interessiert ist, frei zugänglich und unter Aufwendung nur geringer Zugangskosten verfügbar sein.

Individuelles Humankapital ist demgegenüber prinzipiell faktorgebunden. Es ist in diesem Sinn für ein Unternehmen als einem Nachfrager nach solchem Humankapital auf dem Arbeitsmarkt nur dann verfügbar und im Zeitablauf nutzbar,

---

44 Vgl. **Homburg** (1995), S. 345; vgl. auch aus betriebswirtschaftlicher Sicht **Gaugler** (1994), S. 92.

45 Vgl. **Romer** (1990), S. S74 f.

46 Vgl. **Romer** (1990), S. S73 - S78; analog argumentieren **Straubhaar** (1994), S. 114 f., **Lindner** (1996), S. 22 - 26.

wenn es von dem jeweiligen Investor, mit dem es verbunden ist, dem Unternehmen über marktliche Prozesse angeboten und von ihm individuell gegen entsprechende Entlohnung bereitgestellt und produktiv eingesetzt wird.

Individuell gebundenes Humankapital ist nicht in jedem Fall in technisches Wissen übertragbar.[47] Ein Beispiel zur Veranschaulichung dieser Problematik ist der italienische Violinenbau des 17. und 18. Jahrhunderts.[48] Den Geigenbauern der Cremoneser Schule um ANDREA AMATI (etwa 1535 bis nach 1611), ANTONIO STRADIVARI (etwa 1644 bis 1737) und GUISEPPE GUANERI DEL GESÙ (1698 bis 1744) gelang es durch ihr besonderes spezifisches Humankapital,[49] ihre herausragenden Fertigkeiten und ihr Spezialwissen im Violinenbau,[50] Violinen herzustellen, die in ihren klanglichen Eigenschaften bis heute nicht erreicht wurden. Sie können bis in die Gegenwart nicht nachgebaut werden und nehmen eine Vorrangstellung im Violinenbau ein. Nach dem Tod STRADIVARIS und GUARNERIS kam es zum Niedergang dieser Violinenbauschule. Es gelang nicht, ihr spezifisches individuelles Humankapital zur Herstellung solcher Violinen als allgemein verfügbares technisches Wissen im Zeitablauf zu übertragen und so für die Nachwelt zu konservieren.

Jeder Mensch hat zu einem festen Zeitpunkt einen bestimmten Bestand an Humankapital, den er im Produktionsprozeß anbieten und einsetzen kann. Es hängt dabei jedoch vom Willen des Einzelnen ab, ob er bei der Bereitstellung seines arbeitsmarktrelevanten Humankapitals das Ausschlußprinzip durchbricht und ein Beschäftigungsverhältnis als Unternehmensmitarbeiter aufnimmt.[51]

---

47 Zu den Übertragungsprozessen individuell gebundenen Humankapitals vgl. **Jovanovic, Nyarko** (1994), **Weiss** (1996).

48 Vgl. **Zeraschi** (1978), S. 18 - 25, **Adler** (Hrsg.) (1985/1930), S. 600 f., **Osse** (1992), S. 29 - 31, **Menuhin**, unter Mitarbeit von **Meyer** (1996), S. 78 - 92.

49 Spezifisches Humankapital unterliegt nur einer eingeschränkten Verwendungsmöglichkeit, hier dem qualitativ hochwertigen Violinenbau; vgl. genauer den *Gliederungspunkt 3.3.1.*

50 Sicherlich in Verbindung mit einer hohen musikalischen Begabung (Ability); vgl. dazu den *Gliederungspunkt 2.5.1.*

51 Vgl. **Straubhaar** (1994), S. 115, **Wegehenkel** (1996), S. 2, Textziffer 8.

Technisches Wissen läßt sich demgegenüber von beziehungsweise in einem Unternehmen unabhängig von einzelnen Personen zum Beispiel über faktorungebundene Wissensbestände beschaffen.

Humankapital stellt damit, und dieser Aspekt ist für die vorliegende Untersuchung entscheidend, eine spezielle Art von im Produktionsprozeß einer Volkswirtschaft eingesetztem Kapital dar.[52] Der Begriff des Kapitals wird hier nicht, wie im ökonomischen Sprachgebrauch häufig noch immer vereinfachend und verfälschend üblich, synonym mit Sachkapital verwendet, sondern beinhaltet ebenso die Kapitalart Humankapital.

Menschliches Kapital läßt sich klar von der anderen Kapitalart, dem Sachkapital, abgrenzen. Sachkapital umfaßt das gesamte in sachlichen und finanziellen Werten gebundene Kapital, das der Produktion von materiellen und immateriellen Gütern dient, wie zum Beispiel Betriebsgrundstücke, Produktionsmaschinen, Verwaltungsgebäude, Wertpapiere, aber auch Patente. Humankapital bezeichnet dagegen das in einem oder bei supraindividueller Betrachtung additiv in mehreren Menschen gebundene Kapital, das in der Güterproduktion einer Wirtschaft eingesetzt werden kann.

Insofern bietet sich sofort eine analoge Betrachtung der beiden Kapitalarten im Produktionsprozeß einer Volkswirtschaft an. Investitionen können als Konsumverzicht in der Gegenwart demnach sowohl in Sach- wie auch in Humankapital vorgenommen werden. Auch das Humankapital läßt sich als Investitionsgut in der Zukunft mehrperiodisch nutzen und muß unter Umständen im Zeitablauf in seinem Wert -zum Beispiel wegen Veralterung- abgeschrieben werden. Daraus resultiert, daß die Bildung von Humankapital mit Sachkapital um den Einsatz und die Verwendung von Ressourcen in einer Volkswirtschaft konkurrieren und die beiden Faktoren bezüglich der Produktion von Gütern untereinander in einer wettbewerblichen Rivalitätsbeziehung stehen.

---

[52] Vgl. auch **Fogel, Engerman** (1974), S. 232 f.

2.2.2 Art der Verwendung

Outputgrößen können allgemein zur Investition oder zum Konsum verwendet werden. Die drei potentiellen Verwendungsarten sind damit Konsum, Investition in Sachkapital und Investition in Humankapital. Konsum kann im Verbrauch oder Gebrauch von materiellen Sachgütern oder von immateriellen Gütern in der jeweiligen Zeitperiode bestehen. Investition, natürlich auch Investition in Humankapital, setzt zwingend Konsumverzicht voraus.

Es läßt sich gegenüber dieser Argumentation einwenden, daß auch eine Ausbildung, die grundsätzlich als Humankapitalinvestition aufzufassen ist, eine konsumtive Komponente beinhalten kann.[53] Beispielsweise kann ein Einzelner bei seiner Entscheidung Konsumaspekte zumindest teilweise berücksichtigen, indem er einen Ausbildungsgang wählt, in dem ihm die Ausbildung unmittelbar persönliche Nutzen stiftet und konsumtive Bedürfnisse befriedigt. Damit stellt sie zumindest partiell eine Form von Konsum dar, und ist nicht in jedem Einzelfall primär als eine Zukunftsinvestition mit späteren investitionsbedingten Zusatzerträgen anzusehen.[54]

In dieser Arbeit steht demgegenüber der Investitionsaspekt bei der Bildung und Nutzung des Humankapitals im Vordergrund der Untersuchung. Damit wird hier an die Vorstellung von FREEMAN angeknüpft. Er sieht „the heart of the human capital model“[55] in der Investitionsentscheidung des Einzelnen für Humankapitalbildung in der Gegenwart, um in der Zukunft langfristig monetäre Rückflüsse zu erhalten.[56]

---

[53] Vgl. die Diskussion zu den möglichen Konsumkomponenten während der Humankapitalbildung bei **Cohn, Geske** (1990), S. 36 f., und, vor allem während eines Hochschulstudiums, bei **Sharp, Register, Leftwich** (1988), S. 67 f.

[54] Vgl. **Blaug** (1970), S. 16 - 22.

[55] **Freeman** (1986), S. 367.

[56] Vgl. **Freeman** (1986), S. 367.

Die Humankapitaltheorie mit ihrer Analyse der langfristigen Auswirkungen von Humankapitalinvestitionen läßt sich als Investitionstheorie mit gleichfalls langfristig konzipierten konsumtheoretischen Ansätzen vergleichen. In dem Betrachtungshorizont und in der gedanklichen Gesamtkonzeption zeigen sich Parallelen und Analogien zu den langfristigen Konsumtheorien, wie der permanenten Einkommenshypothese von FRIEDMAN[57] und insbesondere der Lebenszyklustheorie von MODIGLIANI in Zusammenarbeit mit BRUMBERG und ANDO,[58] die weit über die kurzfristige Analyse des Konsums, wie sie in Keynesschen Modellen erfolgt, hinausgehen und auf diese Weise die Erklärungsmöglichkeiten des individuellen Konsumverhaltens in der langfristigen Perspektive deutlich erweitert haben.[59]

2.2.3 Monetäre und nicht-monetäre Zielgrößen

In Maximierungskalkülen für Humankapitalbildung mit verschiedenen Investitionsalternativen lassen sich monetäre und nicht-monetäre Zielgrößen unterscheiden. Investitionen beinhalten zumeist neben den monetär quantifizierbaren Renditezielen auch Investitionsziele, die nur sehr schwer in Geldgrößen meßbar sind. Zu diesen nicht-monetären Zielen gehören das mit einer Berufstätigkeit verbundene Renommée, die Möglichkeiten zur Machtausübung, der persönliche Einfluß auf Betriebs- und Unternehmensentscheidungen, die individuelle Selbständigkeit und ähnliches.

---

57 Vgl. **Friedman** (1957); vgl. auch **Sharp** (1981), S. 184 - 189, **Dornbusch, Fisher** (1994), S. 307 - 313.

58 Vgl. **Modigliani, Brumberg** (1954), **Ando, Modigliani** (1963), **Modigliani** (1966), **Modigliani** (1986); vgl. auch **Dornbusch, Fisher** (1994), S. 299 - 307; zu der Beziehung zwischen dem Konsum im Lebenszyklus und dem individuellen Arbeitsangebot vgl. auch **Heckman** (1974).

59 Vgl. **Rosen** (1976b), S. 2; vgl. auch die mikroökonomischen Überlegungen zu der permanenten Einkommenshypothese beziehungsweise zu der Lebenszyklushypothese als intertemporale Wahlmodelle der individuellen Entscheidungsträger bei **Frank** (1994), S. 182 - 184, **Börsch-Supan** (1995); zur Zeitperspektive bei Humankapitalinvestitionen vgl. *Abschnitt 3.1.*

Verschiedene Managementtheorien, unter anderem von BAUMOL[60], MARRIS[61] und WILLIAMSON[62], sehen in solchen nicht-monetären Zielen wichtige Zielgrößen von Managementaktivitäten in Unternehmen neben oder statt der Gewinnmaximierung.[63] Da derartige Zielgrößen aber nur schwer quantitativ zu messen und damit explizit zu berücksichtigen sind, werden sie üblicherweise in der Analyse vernachlässigt.[64] Die im folgenden gemachten Aussagen zum monetären Investitionskalkül bei der Humankapitalbildung und -nutzung verändern sich durch diese Vernachlässigung jedoch nicht grundlegend.

In die Ansätze zur Humankapitalbildung lassen sich als Zielgrößen gegebenenfalls auch psychische, emotionale und soziale Aspekte in das Investitionskalkül einbeziehen.[65] Hierunter fallen beispielsweise die Freude an einer qualifizierten, kreativen oder künstlerischen Arbeit, eine angenehm empfundene Arbeitsplatzatmosphäre oder die mit der Berufstätigkeit verbundenen sozialen Kontakte zu Kollegen und Geschäftspartnern in einem positiv bewerteten gesellschaftlichen Umfeld.

---

60 Vgl. **Baumol** (1959).

61 Vgl. **Marris** (1964).

62 Vgl. **Williamson** (1963), **Williamson** (1964).

63 Vgl. auch die Überblicke über verschiedene alternative Maximierungszielsetzungen in Abgrenzung zu dem Unternehmensziel der Gewinnmaximierung bei **Koutsoyiannis** (1979), S. 323 - 383, **Schumann** (1992), S. 411 - 413, **Clement, Pichler** (1993), S. 44 - 47; zur Eignung der Gewinnmaximierungshypothese bei Rationalverhalten vgl. auch **Tirole** (1988), S. 34 - 51, **Demsetz** (1995), S. 61 - 91.

64 Vgl. auch analog zu den imponderablen Faktoren bei betrieblichen Entscheidungen im Zusammenhang mit Investitionsrechnungen **Schierenbeck** (1995), S. 315 f.; vgl. auch zu ungeeigneten Investitionsrechnungen bei **Blohm, Lüder** (1995), S. 45 f. Für eine betriebswirtschaftlich erweiterte Investitionsanalyse, insbesondere von kapitalintensiven, innovativen Investitionsvorhaben vgl. aber auch **Zangemeister** (1993), **Zangemeister** (1994).

65 Vgl. zum Beispiel die Berücksichtigung psychischer Kosten bei einem humankapitaltheoretisch fundierten Entscheidungskalkül über eine Migrationsentscheidung bei **McConnell, Brue** (1992), S. 440 - 442; zu Märkten für künstlerische Tätigkeiten vgl. auch **Pommerehne, Frey** (1993), 151 - 187.

Die monetären Zielgrößen einer Humankapitalinvestition folgen analog dem Grundmuster einer Sachkapitalinvestition: Die Investitionsausgaben in der Ausgabeperiode fallen in Form von direkten und indirekten Kosten, die Einnahmeüberschüsse in der Folgeperiode in Form von Arbeitseinkommen, im folgenden als Humankapitalerträge bezeichnet, an. Dieses Muster gilt für alle Humankapitalinvestitionen: zunächst muß ein Humankapitalstock aufgebaut werden, der dann später auf dem Markt entsprechend seiner Produktivität entlohnt wird. Diese Arbeit beschränkt sich im allgemeinen auf diese monetären Zielgrößen der individuellen Investitionsentscheidung und folgt hierin der Standardliteratur zur Humankapitaltheorie.

2.2.4 Inhaltliche Abgrenzung

In seiner inhaltlichen Abgrenzung läßt sich der Humankapitalbegriff nach seinem Umfang unterschiedlich weit auslegen. Zunächst kann man von einer sehr weiten Auslegung des Humankapitals wie bei SCHULTZ ausgehen, der die folgenden Kategorien zum Humankapitalbestand des Einzelnen zählt:[66]

(a) Formally Organized Education,
(b) On-the-job Training,
(c) Health,
(d) Study Programs for Adults,
(e) Migration.

BECKER bezeichnet Schooling (die Kategorie (a) bei SCHULTZ), also die formale Bildung im Schul- und Hochschulsystem, und On-the-job Training (die Kategorie (b)), also die Ausbildung durch und während der Berufsausübung in einem

---

[66] Vgl. **Schultz** (1961a), S. 1, 8 - 13.

Unternehmen, als die beiden wichtigsten Humankapitalkategorien.[67] Dieser Auffassung wird hier gefolgt.

In der vorliegenden Schrift wird von einem gegebenen, für Investitionen und Berufsausübung hinreichenden Niveau an Gesundheit ausgegangen und diese Kategorie (c) nicht näher betrachtet. Die Kategorie (d) ist als privates Off-the-job Training der Individuen außerhalb von Unternehmen von quantitativ untergeordneter Bedeutung und dient in der Regel vor allem Konsumzwecken; sie wird hier ebenfalls vernachlässigt. Migration als Kategorie (e) ist als ein Spezialfall in Form eines geographischen Humankapitalmaximierungskalküls anzusehen, der in Abschnitt 3.5 dieser Arbeit wieder aufgegriffen und in die Argumentation einbezogen wird.

Unmittelbar und direkt zur Erzielung von zukünftigen monetären Erträgen in betrieblichen Beschäftigungsverhältnissen auf dem Arbeitsmarkt wird in Schooling und On-the-job Training investiert.[68] Diese beiden zentralen Aktivitäten umfassen die Investitionstätigkeit des Individuums in sein ihm eigenes Humankapital in einer Volkswirtschaft im engeren Sinn[69] und sind daher der Hauptuntersuchungsgegenstand der folgenden Untersuchung.

Schooling ist definiert als die formalisierte, vollzeitige Aneignung von individuellem Humankapital in Bildungsinstitutionen, die speziell für diesen Zweck eingerichtet worden sind. Hierzu zählen in der Bundesrepublik Deutschland im

---

67 Vgl. **Becker** (1989), S. 17.

68 Zum deutschen Bildungswesen vgl. im Überblick **Bundesministerium für Bildung, Wissenschaft, Forschung und Technologie** (Hrsg.) (1996), S. 10 f., sowie ausführlich **Maier** (1994), S. 131 - 173; zur allgemeinen und beruflichen Bildung in der Europäischen Union vgl. **Europäische Kommission** (Hrsg.) (1996).

69 Vgl. **Holler** (1986), S. 133.

Primarbereich die Grundschulen[70] und im Sekundarbereich die weiterführenden Schulen sowie im tertiären Bereich die verschiedenen Hochschulen.[71]

On-the-job Training ist definiert als die Aneignung von individuellem Humankapital in Form von Trainingsaktivitäten während oder durch die Ausübung einer beruflichen Tätigkeit.[72] Unter On-the-job Training sind unter anderem die beruflichen Aus- und Weiterbildungsmaßnahmen in den Betrieben einzuordnen.[73]

Es ist weiter zweckmäßig, begrifflich zwischen rein individuellem und für Gruppen von Individuen aggregiertem Humankapital zu differenzieren. Individuelles Humankapital ist vollständig einem einzigen Individuum zugehörig und unmittelbar mit ihm verbunden. Bei einer supraindividuellen Betrachtung läßt sich das Humankapital zum Beispiel in der Abgrenzung nach Betriebsstätten, Unternehmen, Konzernen, Regionen, einer gesamten Volkswirtschaft oder das gesamte weltweit vorhandene Humankapital in Aggregaten zusammenfassen.

Die dargestellten Abgrenzungen sind in den folgenden Definitionen der Begriffe Humankapital und Humankapitalinvestitionen zusammengefaßt, die im weiteren Verlauf in dieser Arbeit verwendet werden:

---

70 Ergänzend könnte hierzu auch der Elementarbereich mit den Kindergärten gerechnet werden.

71 Zum deutschen Hochschulsystem vgl. **Peisert, Framhein** (1994), **Maier** (1994), S. 131 - 173; zur Finanzierung der deutschen Hochschulen vgl. auch **Karpen** (Hrsg.) (1991); zum Hochschulwesen der Deutschen Demokratischen Republik bis 1990 und zur Umgestaltung der Hochschullandschaft in den neuen Bundesländern in den neunziger Jahren vgl. auch **Peisert, Framhein** (1994), S. 13 - 31; für eine Überblicksdarstellung der Ausbildungssysteme in Europa und Nordamerika vgl. **Danesy** (1994).

72 Zu Trainingsbegriff, -methoden und -formen vgl. **Nordhaug** (1993), S. 135 - 152; vgl. auch aus sozialwissenschaftlicher Sichtweise **Lefebvre** (1997), S. 31 - 46.

73 Zur betrieblichen Berufsausbildung, insbesondere im dualen System, vgl. **Maier** (1994), S. 175 - 219, **Cramer, Müller** (1994); zur beruflichen Weiterbildung vgl. **Akademie für Raumforschung und Landesplanung** (Hrsg.) (1993), **Dicke, Glismann, Gröhn** (1995), **Pfeiffer, Brade** (1995); vgl. auch den aktuellen bundesdeutschen Berufsbildungsbericht 1997, **Bundesministerium für Bildung, Wissenschaft, Forschung und Technologie** (Hrsg.) (1997).

Humankapital umfaßt als Bestandsgröße alle arbeitsmarktrelevanten Kenntnisse und Fertigkeiten, die durch investive Aktivitäten von einem Individuum in der Vergangenheit gebildet wurden und zum Betrachtungszeitpunkt als gegebener Bestand in Form eines Kapitalstocks verfügbar sind.

Humankapitalinvestitionen umfassen als Stromgröße alle Aktivitäten, die Individuen im betrachteten Zeitraum mit dem Ziel der Herausbildung von Humankapital vornehmen.

Zu den Humankapitalinvestitionen gehören insbesondere die Bildung in Schulen und Hochschulen (Schooling) sowie die Aus- und Weiterbildung in den Betrieben (On-the-job Training). Die folgenden Kapitel beschäftigen sich mit solchen Humankapitalinvestitionen, die unmittelbar auf die Erzielung von Humankapitalerträgen im Erwerbsleben, die aus dieser Humankapitalbildung resultieren, ausgerichtet sind und zu diesem Zweck vorgenommen werden. Im Mittelpunkt der Betrachtung stehen damit die individuellen Investitionen in Schooling und On-the-job Training.

2.3 Annahmen des Humankapitalansatzes

Diese Arbeit verfolgt in ihrer Methodik[74] einen strikt ökonomischen Ansatz.[75] Der ökonomische Ansatz bietet einen einheitlichen Bezugsrahmen für die Untersuchung verschiedenster sozialer Phänomene; er wird hier auf das menschliche Verhalten bei der Humankapitalbildung und -nutzung angewendet.

---

74 Zu einer methodologischen Einordnung des Humankapitalansatzes vgl. **Blaug** (1992), S. 206 - 219; zur Methodik der Wirtschaftswissenschaften im Verhältnis zu ihren Nachbarwissenschaften vgl. **Buchanan** (1966).

75 Vgl. **Becker** (1993b), S. 385 f.; zur Einordnung und Stellung des ökonomischen Ansatzes innerhalb der Sozialwissenschaften vgl. auch **Becker** (1976), S. 3 - 14, **McKenzie, Tullock** (1978), **Hirshleifer** (1985), **Kirchgässner** (1988), **Frey** (1989), S. 1 - 34, **Fritsch, Wein, Ewers** (1996), S. 10 - 12, **Pies, Leschke** (Hrsg.) (1998).

Nach BECKER sind die drei Hauptannahmen des ökonomischen Ansatzes

- Stabilität der Präferenzen,
- individuelle Rationalität und
- das Vorhandensein von Marktgleichgewichten.[76]

Von diesen drei Hauptannahmen des ökonomischen Ansatzes werden die Bedeutung von Rationalverhalten (siehe Gliederungspunkt 2.3.1) und Präferenzenstabilität (siehe Gliederungspunkt 2.3.2) für und ihre Anwendung auf die Humankapitalmodellbildung in diesem Abschnitt genauer erläutert. Es wird methodisch davon ausgegangen, daß die Wirtschaftssubjekte bei ihren Humankapitalinvestitionskalkülen individuell rational auf der Basis von gegebenen, stabilen individuellen Präferenzen handeln.[77] Die marktliche Gleichgewichtsanalyse erfolgt im einzelnen in Kapitel 4, das die Arbeitsmarkt- und die gesamtwirtschaftlichen Einflüsse sowie ihre Rückwirkungen auf das individuelle Entscheidungskalkül als Untersuchungsgegenstand aufgreift und vertieft.

2.3.1 Individuelles Rationalverhalten

Im folgenden wird von der Grundannahme ausgegangen, daß Individuen in ihrem Verhalten nutzenmaximierend ihre Humankapitalinvestitionen optimieren[78]. Die investierenden Individuen treffen in ihrem Eigeninteresse[79] ihre individuellen

---

[76] Vgl. **Becker** (1976), S. 4 f.

[77] Vgl. zur Problematik der Präferenzen und des Rationalverhaltens **Winkler** (1994), **Becker** (1996), S. 3 - 23, vgl. auch **Schweers Cook, Levi** (1990); vgl. auch aus soziologischer Sichtweise **Braun** (1998).

[78] Vgl. **Mincer** (1970), S. 6, **Becker** (1993b), S. 392.

[79] Vgl. **Hirshleifer** (1985), S. 230 f.

Wahlentscheidungen[80] auf einer rationalen Basis.[81] Damit liegt dieser Schrift zur Verhaltenserklärung bei der Humankapitalbildung der Ansatz des methodologischen Individualismus zugrunde.[82] Die Bildung von Humankapital erfolgt nach eigenständigen Wahlentscheidungen der Individuen über die in Frage kommenden Investitionsalternativen. Jedes Individuum trifft für sich die Wahlentscheidung, in welcher Höhe in welche Art von Humankapital es investieren will (Investitionsentscheidung) und welchen Erwerbsberuf es im Anschluß zur Ertragserzielung im volkswirtschaftlichen Produktionsprozeß ausüben will (Verwendungsentscheidung).[83]

Zwar gehen in das private Kalkül auch diverse exogene Faktoren ein, die den Möglichkeitenraum in der jeweiligen Entscheidungssituation einengen, die letztendliche Entscheidung zwischen den möglichen Alternativen selbst liegt aber allein bei dem investierenden Individuum. Diese konsequente Betonung der individuellen Wahlentscheidungen bildet nach BLAUG die „Quintessence“[84] des Humankapitalansatzes.[85]

Bei den Entscheidungen über die Investitionen in das Humankapital und die Verwendung des Humankapitalstocks wird Rationalverhalten[86] der individuellen Investoren angenommen. Diese näher zu konkretisierende Annahme bezieht sich darauf, wie ein Individuum seine privaten Entscheidungen auf einer rationalen Grundlage trifft. Der Begriff des rationalen Verhaltens soll für die später folgenden Überlegungen problematisiert und eingegrenzt werden.

---

80 Vgl. **Frey** (1989), S. 4, **Kirsch** (1993), S. 3 f.

81 Vgl. **Simon** (1978), **Tietzel** (1981), **Simon** (1983), **Hirshleifer** (1985), **Tietzel** (1985), S. 83 - 97, **Hamlin** (1986), S. 12 - 59, **Hogarth, Reder** (Hrsg.) (1987), **Kirchgässner** (1991), S. 13 - 38, **Hirshleifer, Glazer** (1992), S. 55 - 77, **Kirsch** (1993), S. 6 - 8.

82 Vgl. **Kirchgässner** (1988), S. 130 f., **Kirsch** (1993), S. 17 - 24.

83 Vgl. **Arrow** (1994), S. 1.

84 **Blaug** (1992), S. 209, Fußnote 24.

85 Vgl. **Blaug** (1992), S. 209, Fußnote 24.

86 Vgl. **Sen** (1987).

Individuen handeln dann rational, wenn sie ihren individuellen Nutzen -zum Beispiel den Nutzen aus der Investition in eine bestimmte Ausbildung oder ein Hochschulstudium- in ihrem eigenen Interesse maximieren. Solche rational handelnden Individuen streben beispielsweise danach, bei der Humankapitalbildung mit einem bestimmten Ressourceneinsatz das bestmögliche Ergebnis zu erreichen beziehungsweise ein bestimmtes Ergebnis, zum Beispiel ein angestrebtes Bildungsniveau, mit einem zu minimierenden Ressourceneinsatz zu schaffen. Ihr Ziel ist dabei die Maximierung ihrer (monetären) Nettoerträge im Zeitablauf. Das Entscheidungskalkül als Gegenüberstellung von Kosten und Erträgen wird in Abschnitt 2.4 ausführlich entwickelt und dargestellt.

Die individuelle Wahlentscheidung hängt von verschiedenen Voraussetzungen ab, insbesondere von der Annahme über den Informationsstand des Individuums. Man kann zunächst annehmen, daß das Individuum vollständig informiert ist. Die Entscheidungen werden in diesem Fall bei vollständiger Information getroffen. In einer solchen Situation liegen alle notwendigen Informationen über die Kosten und Erträge der Wahlhandlung dem Entscheidungsträger vor, und die Entscheidung kann vollständig rational unter Berücksichtigung aller Einflußgrößen getroffen werden.

In realen Entscheidungsprozessen wird eine solche Situation mit vollständigem Informationsstand nicht gegeben sein, da in realen Wirtschaftsprozessen immer Ungewißheit, Informationskosten und Informationsbeschaffungsprobleme aus der hochkomplexen Umwelt auftreten und diese das Individualkalkül nicht unberührt lassen.[87] Insbesondere wichtige Entscheidungen über größere Humankapitalinvestitionsprojekte, die zum Teil den gesamten Lebenslauf des Individuums betreffen und sich über zukünftige Jahrzehnte bis zum Tod auswirken können, unterliegen in einer sich dynamisch entwickelnden Umwelt hoher Ungewißheit.

---

[87] Zu rationalen Entscheidungen bei Humankapitalinvestitionen unter Ungewißheit und bei variablem Informationsstand vgl. *Abschnitt 3.4*.

Es ist für die meisten Analysen aber nicht zwingend notwendig, von nutzenmaximierendem Verhalten bei vollständiger Information auszugehen. Als Entscheidungsgrundlage ist überwiegend ein gegebener, nicht vollständiger Informationsstand der Individuen als eine hinreichende Entscheidungsbasis anzusehen. In diesem Fall wird ausgehend von den vorliegenden Informationen über bestehende Alternativen, zum Beispiel über zusätzliche mögliche Humankapitalinvestitionen, die rationale Wahlentscheidung getroffen.

Aus der Sicht des individuellen Entscheidungsträgers ist es durchaus möglich und realistisch anzunehmen, daß er nicht vollständige Information über potentielle Entscheidungsalternativen und ihre Folgewirkungen anstrebt, sondern sich mit einem bestimmten angestrebten Nutzenniveau zufrieden gibt. Nach HERBERT A. SIMON verhalten sich Individuen „*intendedly* rational, but only *limited* so“[88]. Sie verfügen nicht über vollständige Rationalität mit einem vollständigen Informationsstand, sondern nur über eine beschränkte Rationalität als abgeschwächte Rationalitätsform (Bounded Rationality).[89] Danach beschränken sich die Individuen auf ein sie befriedigendes Nutzenniveau, sie verzichten auf extreme Nutzenmaximierung. Dieses Verhalten bezeichnet SIMON als Satisficing.[90] Die Suche nach dem höchsten erreichbaren Nutzenniveau wird bei einem bestimmten erreichten Anspruchsniveau abgebrochen.[91] Entscheidend ist hierbei, daß sich die Individuen auch bei beschränkter Rationalität unter den gegebenen Restriktionen wie Informationsproblemen weiterhin tendenziell rational verhalten.

Die beschränkte Rationalität ist eindeutig eine Form von Rationalität und impliziert nicht irrationales Verhalten.[92] Die Problematik von hoher Ungewißheit bei rationalen Entscheidungen über möglichen Humankapitalinvestitionen und

---

88 [Hervorhebungen im Original kursiv], **Simon** (1976/1947), S. xxviii.

89 Vgl. die Begriffsdefinition von **Simon** (1987a); vgl. weiter **Simon** (1955), **Simon** (1976/ 1947), S. 38 - 41, S. 80 f., **Simon** (1972), **Simon** (1986), **March** (1988).

90 Vgl. die Begriffsdefinition von **Simon** (1987b).

91 Vgl. **Simon** (1966), S. 10 f.

92 Vgl. auch **Becker** (1962b).

Informationsaktivitäten zur Verringerung dieser Ungewißheit behandelt der Abschnitt 3.3.

STIGLER argumentiert in diesem Zusammenhang, daß der Zustand vollständiger Information deswegen nicht rational ist, da die Informationsbeschaffung mit erheblichen Kosten verbunden ist. Entstehen bei den Suchprozessen der Informationsbeschaffung, -sichtung und -auswertung mit zunehmendem Informationsstand steigende Grenzkosten der Verbesserung des Informationsstandes beziehungsweise fallende Grenzerlöse des Informationszuwachses, wird nach einem Kosten-Ertrags-Kalkül die Informationssuche an einem bestimmten Punkt abgebrochen.[93] Vollständige Information ist dann wegen prohibitiv hoher Grenzinformationskosten nicht rational.[94]

Auch wenn man annehmen kann, daß sich nicht immer alle Menschen bewußt als humankapitalmaximierende Investoren verhalten, so kann man doch unterstellen, daß sie sich so verhalten, als ob sie ein Rationalkalkül anstellen würden. BECKER geht davon aus, daß Individuen als Nutzen-Maximierer[95] ihre Entscheidungen optimieren, „as they conceive it“[96].

Diese Arbeit folgt der -aus der Sicht des Autors begründeten- Annahme, daß die individuellen Investitionsentscheidungen als (zumindest begrenzt) rationale Reaktionen auf erwartete Kosten und Erträge erfolgen, die in einem langfristig fundierten Entscheidungskalkül gegeneinander auf ihre Vorteilhaftigkeit hin abgewogen werden.[97]

---

93 Vgl. **Stigler** (1961), sowie seine Anwendung auf den Arbeitsmarkt in **Stigler** (1962); vgl. dazu auch **Sapsford, Tzannatos** (1993), S. 334 - 352.

94 Zu den möglichen Informationsaktivitäten bei der Entscheidung über Humankapitalinvestitionen vgl. genauer unter *Gliederungspunkt 3.4.*

95 Vgl. **Becker** (1993b), S. 386.

96 **Becker** (1993b), S. 386.

97 Vgl. **Becker** (1989), S. 17.

2.3.2 Stabilität der Präferenzen

Die zweite zentrale Annahme dieser Untersuchung neben dem Rationalverhalten gilt den Präferenzen der Individuen bezüglich der grundlegenden Ziele ihres Handelns.[98] Hier wird die Annahme der Präferenzenstabilität zugrundegelegt.[99] Es wird dementsprechend davon ausgegangen, daß ein Individuum vorgegebene Präferenzen hat. In dem Zusammenhang dieser Arbeit relevant ist speziell seine gegebene Präferenz für eine Humankapitalausbildung unter bestimmten Restriktionen, und daß diese Präferenzen im Zeitablauf weitgehend stabil bleiben, sich also nicht ad hoc verändern.

Man könnte im Zusammenhang mit dieser Schrift einwenden, daß sich durch Bildungs- und Ausbildungsaktivitäten die Präferenzen des Einzelnen verändern und sich in der Folge sein Verhalten während der Ausbildungszeit verändern kann. Dies hätte allerdings die fatale Folge, daß sich jede wie auch immer geartete beliebige Entscheidung, auch bei der Humankapitalbildung, auf geänderten Präferenzen zurückführen ließe. Damit bliebe eine Untersuchung in ihren Aussagen gehaltlos, da das Verhalten der Individuen nicht auf von außen beobachtbare Einflußgrößen zurückzuführen wäre.[100]

Die Annahme gegebener Präferenzen bewirkt, daß keine Ad-hoc-Erklärung von individuellen Verhaltensweisen allein durch nicht beobachtbare Änderungen der Präferenzen möglich ist. Diese Annahme der gegebenen individuellen Präferenzenstabilität ist weiter aus den folgenden Überlegungen heraus gerechtfertigt.

---

98 Zum Präferenzbegriff bei der Anwendung des ökonomischen Verhaltensmodells vgl. **Kirchgässner** (1988), S. 134 - 139, **Tietzel** (1988), **Frey** (1989), S. 5 f., **Kirchgässner** (1991), S. 38 - 45, **Frank** (1994), S. 251 - 278.

99 Vgl. die Argumentationslinie zur Stabilität der individuellen Präferenzen und die Anwendung auf Beispiele aus den Bereichen Rauschgiftkonsum, Gewohnheitsverhalten, Werbung und Mode bei **Stigler, Becker** (1977); vgl. auch **Becker** (1996).

100 Vgl. **Kirchgässner** (1988), S. 135; vgl. auch **Stigler, Becker** (1977), S. 76 f.

Die den Wahlentscheidungen zugrundeliegenden individuellen Präferenzen verändern sich, wenn sie sich überhaupt im Zeitablauf in einem relevanten Ausmaß verändern,[101] sehr viel langsamer als die den Handlungsspielraum des Einzelnen begrenzenden Restriktionen wie Humankapitalerträge, Kosten und relative Marktpreise. Daher wird üblicherweise von einer Präferenzenkonstanz ausgegangen und statt der Präferenzen werden in ökonomischen Modellen die Veränderungen bei beobachtbaren Verhaltensrestriktionen untersucht.[102] In dieser Arbeit wird der Argumentation folgend angenommen, daß die Individuen eine gegebene und weitgehend dauerhaft stabile Präferenz für die Bildung ihres Humankapitals haben.

Diese Verhaltensannahme ist auch insofern plausibel, als daß die Humankapitalinvestitionen direkt zur Erzielung von Erträgen in Form von monetären Einkommen aus dem Einsatz des Produktionsfaktors Humankapitals dienen und die wichtigste beziehungsweise in vielen Fällen die einzige Quelle eines Haushalts für monetäre Zuflüsse sind, die für konsumtive Zwecke verwendet werden können.

Selbst wenn sich die Präferenzen langfristig sukzessiv ändern würden, hätten solche Präferenzanpassungen kaum Auswirkungen auf die Humankapitalbildung, da die individuellen Humankapitalinvestitionen unmittelbar mit dem Investor verbunden und insoweit nach der Investitionsphase versunken sind. Der einmal eingeschlagene Investitionspfad ist für den Einzelnen hinsichtlich seines unmittelbar mit ihm verbundenen Humankapitals irreversibel und wird daher kaum nachfolgend ändernde Auswirkungen auf das weitere Investitionsverhalten haben.

---

[101] STIGLER und BECKER gehen in ihrer Interpretation der Präferenzenkonstanz soweit, daß in ihrem Modell individuelle Präferenzen „neither change capriciously nor differ importantly between people.“, **Stigler, Becker** (1977), S. 76; vgl. aber auch **Akerlof** (1983), **Simon** (1983), S. 11 f.

[102] Vgl. **Kirchgässner** (1988), S. 135.

2.4 Humankapitalbildung als individuelles Kosten-Ertrags-Entscheidungskalkül

2.4.1 Kosten-Ertrags-Kalküle als ökonomische Entscheidungsbasis

Die Gegenüberstellung der mit einer potentiellen Alternative verbundenen erwarteten Kosten und Erträge in einem optimierenden abwägenden Entscheidungskalkül ist ein gängiges ökonomisches Instrument zur Entscheidungsfindung bei ökonomischen Wahlentscheidungen.[103] Sie wird beispielsweise regelmäßig bei der Vorteilhaftigkeitsbestimmung von wirtschaftspolitisch alternativen Projekten im öffentlichen Sektor von Volkswirtschaften genutzt.[104] Allgemein wird in einer Kosten-Ertrags-Analyse versucht, die für die jeweilige Entscheidungssituation relevanten charakteristischen Kosten und Erträge zu erfassen, einander gegenüberzustellen und die vorteilhafteste Alternative zu bestimmen.

Eine potentiell mögliche Maßnahme wird danach dann realisiert, wenn die Erträge aus dieser Maßnahme die Kosten übersteigen. Vorteilhaft sind analysierte Alternativen, solange geringere Kosten als Erträge erwartet werden. Bei mehreren in Frage kommenden Entscheidungsalternativen läßt sich eine Rangfolge bilden und es wird diejenige Alternative gewählt, bei der die Differenz zwischen Erträgen und Kosten die höchste positive Differenz aufweist. Eine einfache

---

103 Zu den allgemeinen theoretischen Grundlagen von Kosten-Ertrags-Untersuchungen vgl. **Chakravarty** (1987), **Mishan** (1988), **Rosen** (1988), S. 230 - 258, **Hanusch** unter Mitarbeit von **Kuhn, Cantner** (1994), **Layard, Glaister** (1994), **Brent** (1996); vgl. auch das Ablaufschema zur Vorteilhaftigkeitsbestimmung bei der Durchführung von komplexen Kosten-Ertrags-Vergleichen eines Investitionsprojektes bei **Blohm, Lüder** (1995), S. 203 f.

104 Vgl. die konkrete Modellierung einer Kosten-Ertrags-Untersuchung für den volkswirtschaftlichen Bildungssektor bei **Prest, Turvey** (1966), S. 196 - 198, **Psacharopoulos** (1987); vgl. dazu auch die sehr detaillierte Darstellung bei **Cohn, Geske** (1990), S. 94 - 133, die auch die nicht-monetären und die potentiellen externen Erträge der Bildung ansprechen, vgl. hierfür **Cohn, Geske** (1990), S. 125 - 129.

formale Darstellung der Entscheidungssituation als Entscheidungsregel sieht wie folgt aus:[105]

> Falls im Rahmen einer Kosten-Ertrags-Analyse $B_X (X_a) > C_X (X_a)$ ist, führe die Aktivität durch; andernfalls unterlasse die Maßnahme. Bei mehreren Alternativen wähle diejenige Alternative, bei der die Differenz zwischen $B_X (X_a)$ und $C_X (X_a)$ am größten ist.

B_X bezeichnet in der Kosten-Ertrags-Analyse die Erträge der jeweiligen potentiellen Entscheidungsalternative X_a aus der Grundgesamtheit der möglichen Alternativen $X_1, ..., X_z$ mit $a = 1,..., z$. C_X bezeichnet die mit der jeweiligen Entscheidungsalternative aus der Grundgesamtheit verbundenen Kosten.

Diese Analyseform wird in der vorliegenden Arbeit auf die Problematik der individuellen Humankapitalbildung angewendet. Analog zu anderen ökonomischen Entscheidungsprozessen lassen sich auch bei Wahlentscheidungen über Humankapitalinvestitionen die mit der individuellen Humankapitalbildung verbundenen Kosten und Ertragskategorien differenzieren. Das Kosten-Ertrags-Modell der Humankapitalbildung und -nutzung stellt in dem Entscheidungskalkül, ob in eine bestimmte Form von Humankapital investiert werden soll oder nicht, die mit der Investition verbundenen erwarteten Kosten und Erträge einander gegenüber und ermittelt die resultierende Differenz.

2.4.2 Individuelle Humankapitalinvestitionen als Kosten-Ertrags-Entscheidungskalkül

Die individuelle Humankapitalbildung und die sich anschließende Humankapitalnutzung läßt sich als eine Gegenüberstellung der mit der Humankapitalinvestition verbundenen Kosten- und Ertragskategorien im Zeitablauf darstellen. Bei dieser Gegenüberstellung muß explizit der Faktor Zeit mitberücksichtigt werden,

---

[105] Vgl. **Frank** (1994), S. 4 f.

weil die Kosten und die Erträge zu unterschiedlichen Zeitpunkten anfallen. Die Kosten und Erträge werden auf den Gegenwartszeitpunkt abdiskontiert. Eine Abdiskontierung über die Zeit[106] ist notwendig, um die Ertrags- und Kostenströme zu einem einheitlichen Zeitpunkt vergleichbar zu machen.[107]

Bei der Entscheidung über Humankapitalinvestitionen und damit die Maximierung der erwarteten Lebenserträge aus der Humankapitalbildung handelt es sich um ein intertemporales Wahlmodell.[108] Die Diskontierung dient als Prozeß der Bewertung zukünftiger Entwicklungen und Bedingungen zur Festlegung eines äquivalenten Gegenwertes in der Gegenwart. Die in jeder Periode anfallenden Beträge werden mit dem jeweiligen Diskontierungssatz d abdiskontiert und dann aufsummiert. Aus der Differenz der abdiskontierten Kosten K_{HK} und der abdiskontierten Erträge E_{HK} ergibt sich der Gegenwartswert V der Humankapitalinvestition, der den Zeitfaktor im Kalkül mitberücksichtigt.

Die Grundformel in der nachfolgenden Gleichung (1) für den Gegenwartswert einer Humankapitalinvestition lautet[109]

$$V = - K_{HK} + E_{HK} . \qquad (1)$$

Die beiden aggregierten Kosten- und Ertragsblöcke der Gleichung (1) lassen sich weiter in die in jeder Zeitperiode anfallenden Kosten beziehungsweise Erträge ausdifferenziert formalisieren.

---

106 Zur Abdiskontierung und zum Gegenwartswert vgl. ausführlich **Koutsoyiannis** (1982), S. 155 - 166, **Price** (1993), **Brealey, Myers** (1996), S. 11 - 51, S. 85 - 133, sowie im Zusammenhang mit Humankapitalinvestitionen **Fischer, Dornbusch, Schmalensee** (1988), 319 f., **Polachek, Siebert** (1993), S. 35 - 39.

107 Vgl. **Brent** (1996), S. 9 - 12.

108 Vgl. **Frank** (1994), S. 174 - 190.

109 Zu der folgenden Formalisierung der Gegenüberstellung von Erträgen und Kosten als vergleichendem Optimierungskalkül vgl. auch die Darstellungen bei **Thurow** (1970), S. 24 - 26, S. 69 - 71, **Wachtel** (1988), S. 182 - 186.

Die abdiskontierten Kosten der individuellen Humankapitalbildung K_{HK} ergeben sich nach der Gleichung (2) aus der Summe der abdiskontierten Kosten K_t über die Anzahl der entscheidungsrelevanten Zeitperioden t als

$$K_{HK} = \sum_{t=0}^{n-1} K_{HK,t} \, (1 + d)^{-t}. \tag{2}$$

Der betrachtete Zeitraum weist n Perioden auf. Die Anzahl der Zeitperioden hängt von dem gewählten Betrachtungshorizont für die Humankapitalbildung und -nutzung auf dem Arbeitsmarkt ab. Die letzten anfallenden Kosten im Zusammenhang mit einer Humankapitalinvestition werden spätestens in der vorletzten Periode n - 1 aufgewendet, da in der letzten Periode des betrachteten Zeithorizontes nicht mehr investiert wird und somit keine Kosten entstehen können. Eine Humankapitalinvestition in der letzten Betrachtungsperiode kann sich innerhalb des gewählten Zeitrahmens nicht mehr rentieren und unterbleibt daher in jedem Fall.[110]

Die Gesamtkosten der Humankapitalbildung können unterteilt werden nach den Kostenkategorien der direkten Kosten $K_{t,\,dir.}$ und der indirekten Kosten $K_{t,\,ind.}$, so daß $K_{HK,\,t} = K_{dir.,\,t} + K_{ind.,\,t}$ ist. Eingesetzt in die Gleichung (2) ergibt sich die folgende Gleichung (3) mit

$$K_{HK} = \sum_{t=0}^{n-1} (K_{dir.,\,t} + K_{ind.,\,t}) \, (1 + d)^{-t}. \tag{3}$$

Die direkten Kosten umfassen diejenigen Kosten, die in unmittelbarem Zusammenhang mit der Humankapitalinvestition des Einzelnen stehen und nur aufgrund

---

110 So auch in den Beispielrechnungen von **Elliott** (1991), S. 158 - 163, und **Kaufman** (1989), S. 294 f.; anders -unkorrekt- dagegen bei **Thurow** (1970), S. 25, S. 69, **Wachtel** (1988), S. 185.

der Investition auftreten. Zu diesen direkten Kosten gehören bei der Humankapitalbildung die Kosten für Lehrmaterialien wie Fachliteratur, Ausstattungskosten beispielsweise für eine Computerausstattung, eventuell zu zahlende Studiengebühren sowie zusätzliche durch die Ausbildung bedingte Lebenshaltungskosten am und Transportkosten zum Ausbildungsort.[111] Dieser Kostenblock ist unmittelbar mit Zahlungsströmen verbunden, die vom Investor out-of-pocket als Liquiditätsabflüsse erbracht werden müssen.

Die zweite Kostenkategorie bilden die indirekten Kosten, die als Opportunitätskosten anfallen.[112] Die indirekten Kosten bestehen aus den entgangenen Erträgen aus Beschäftigungsverhältnissen während der Zeit der Humankapitalbildung. In der Ausbildungszeit entgehen dem Individuum Erträge, die es wegen der Verwendung seiner Arbeitskraft für die Humankapitalbildung nicht realisieren kann. Das Individuum ist während der Investitionsperioden nicht im Produktionsprozeß tätig. Dadurch entgehen ihm in diesem Zeitraum potentiell mögliche Arbeitseinkommen, die nicht mehr rückholbar sind.[113]

Wird die Humankapitalinfrastruktur in Schulen und Hochschulen von staatlichen Institutionen für das Individuum hoch subventioniert oder sogar kostenlos bereitgestellt,[114] bilden die indirekten Investitionskosten im individuellen Entscheidungskalkül den Hauptkostenblock der Humankapitalbildung.[115]

Den direkten und indirekten Kosten stehen die gesamten abdiskontierten Erträge aus der individuellen Humankapitalbildung gegenüber. Die Humankapitalerträge E_{HK} ergeben sich aus der Summe der abdiskontierten Erträge über die Anzahl der entscheidungsrelevanten Zeitperioden t in der Gleichung (4) als

---

111 Vgl. **Elliott** (1991), S. 156 f.

112 Vgl. **Psacharopoulos, Woodhall** (1985), S. 33 - 35.

113 Vgl. **Elliott** (1991), S. 156.

114 Vgl. die Diskussion staatlicher Subventionen der Humankapitalbildung in *Abschnitt 5.2* und in *Abschnitt 5.4*.

115 Vgl. **Siebert** (1985), S. 7.

$$E_{HK} = \sum_{t=1}^{n} E_{HK,t} \, (1+d)^{-t}. \tag{4}$$

In der ersten Zeitperiode t = 0 können noch keine Erträge aus einer Humankapitalinvestition auftreten, da den Erträgen aus der Humankapitalbildung immer mindestens eine Investitionsperiode, während der auf Erträge verzichtet wird, vorausgehen muß. Umfaßt die Investitionsperiode zum Beispiel nur die erste Periode t = 0, können frühestens in der folgenden Periode t = 1 die ersten Erträge $E_{HK,1}$ fließen.[116] Für den Fall, daß überhaupt nicht in qualifizierendes Humankapital investiert wird, fließen in der ersten und in den Folgeperioden nur die Basiserträge für unqualifizierte Arbeit.

Die Periodenerträge beinhalten die individuellen Erträge, die im Produktionsprozeß einer Volkswirtschaft aus dem individuell vorhandenen Humankapitalbestand auf dem Arbeitsmarkt über den Zeithorizont realisiert werden. Die Erträge, die aus dem individuellen Humankapital resultieren, liegen wegen der durch die Investitionstätigkeit gestiegenen Produktivität höher als die Erträge, die ohne solche Investitionen bei niedrigerer Produktivität aus unqualifizierter Arbeit erzielbar sind.[117]

Setzt man den Kostenstrom aus der Gleichung (2) und den Ertragsstrom der Gleichung (4) in die Ausgangsgleichung (1) ein, so resultiert der Gegenwartswert V der Investition in der zentralen Gleichung (5) als

$$V = \sum_{t=0}^{n-1} K_{HK,t} \, (1+d)^{-t} + \sum_{t=1}^{n} E_{HK,t} \, (1+d)^{-t}. \tag{5}$$

---

[116] So auch **Siebert** (1985), S. 7, anders -unkorrekt- dagegen bei **Thurow** (1970), S. 25, S. 69, **Wachtel** (1988), S. 185.

[117] Vgl. *Abschnitt 2.1.*

Das Entscheidungskriterium für die Vorteilhaftigkeit einer Humankapitalinvestition lautet damit anhand der Entscheidungsregel I zunächst:

Entscheidungsregel I:

Investiere in Humankapital, falls der Gegenwartswert V aus einer Humankapitalinvestition positiv ist (V > 0), das heißt, falls die abdiskontierten Erträge die abdiskontierten Kosten übersteigen ($E_{HK} > K_{HK}$).

Weil Humankapitalinvestitionen unmittelbar und untrennbar mit ihrem Investor verbunden sind, läßt sich annehmen, daß die marginalen Nettoerträge wegen der begrenzten Lebenserwartung, der Investitionsrestriktionen pro Investitionsperiode und wegen der insgesamt begrenzten intellektuellen Kapazität[118] in den ersten Investitionsperioden sehr hoch sind und dann im Zeitablauf sinken.

Die begrenzte verbleibende Lebensdauer beziehungsweise Verweildauer im arbeitsmarktlichen Produktionsprozeß führt dazu, daß die Individuen nur zeitlich begrenzt zusätzliches Humankapital aufnehmen werden, denn mit steigendem Lebensalter sinkt die verbleibende Nutzungsdauer des zusätzlich gebildeten Humankapitals. In jeder Periode kann nur in begrenztem Umfang wegen der begrenzten intellektuellen Fähigkeiten des Individuums investiert werden. Und auch die intellektuelle Gesamtkapazität des Einzelnen bei der Aufnahme neuen zusätzlichen Humankapitals ist in ihrer Höhe absolut limitiert.[119] Diesen Zusammenhang verdeutlicht die Abbildung 2, in der die sinkenden marginalen Zuwächse beim kumulierten Humankapitalbestand in Abhängigkeit von der Investitionsdauer in Zeiteinheiten t dargestellt sind.

---

[118] Zu den kognitiven Begrenzungen des individuellen Rationalverhaltens vgl. **Viale** (1992), **March, Simon** (1993).

[119] Vgl. **Becker** (1993/1964), S. 112 f.

Abbildung 2:

Entwicklung des Humankapitalbestands

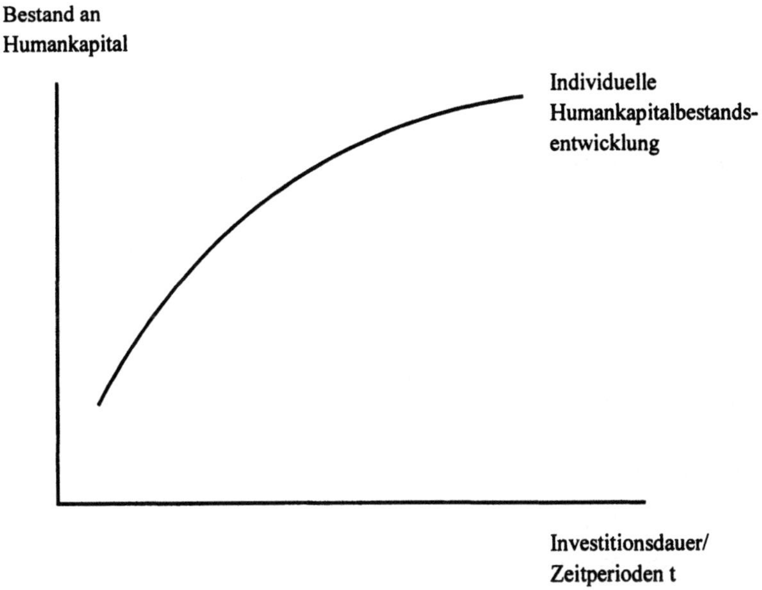

Quelle: eigene Abbildung in Anlehnung an **Siebert** (1985), S. 11.

Man geht davon aus, daß der positive marginale Zuwachs im Bestand des Humankapitals mit einer zusätzlichen Humankapitalinvestition sinkt.[120] Bei sinkenden Renditen läßt die interne Verzinsung r einer Investition bestimmen.[121] Die interne Verzinsung r ist genau diejenige Verzinsung, bei der die abdiskontierten Erträge den abdiskontierten Kosten aus einer Humankapitalinvestition

---

120 Vgl. **McConnell, Brue** (1992), S. 97 f.; vgl. auch **Maier** (1994), S. 90, der die Annahme fallender Renditen relativiert.

121 Zu empirischen Schätzungen der internen Verzinsung von Humankapitalinvestitionen vgl. **Psacharopoulos** (1981b), **Psacharopoulos** (1985), **Psacharopoulos** (1994).

entsprechen. Setzt man die interne Verzinsung in die Gleichung (5) ein und setzt man V = 0, ergibt sich die nachfolgende Gleichung (6):[122]

$$\sum_{t=1}^{n} E_{HK,t}\,(1+r)^{-t} = \sum_{t=0}^{n-1} K_{HK,t}\,(1+r)^{-t}. \qquad (6)$$

Ist die interne Verzinsung einer bestimmten Humankapitalinvestition ermittelt, läßt sich auch ein Vergleich über die Vorteilhaftigkeit einer Humankapitalinvestition und einer alternativen Investition (in Sachkapitalinvestition) anhand der nachfolgenden Entscheidungsregel II vornehmen. Liegt der Marktzinssatz für die Alternativinvestition konstant bei einem Zinssatz i, wird der Einzelne solange in Humankapital investieren, wie $r > i$ ist.[123] Die Investitionsregel zum Vorteilhaftigkeitsvergleich zwischen Sachkapital- und Humankapitalinvestition lautet:

Entscheidungsregel II:

Investiere in Humankapital, falls die interne Verzinsung der Humankapitalinvestition über dem Marktzinssatz liegt ($r > i$), andernfalls ($r < i$) führe die Alternativinvestition in Sachkapital durch.

Die Abbildung 3 zeigt die fallende Kurve der internen Verzinsung r, die mit zunehmenden Humankapitalinvestitionen sinkt. Humankapitalinvestitionen sind nur solange rentabel und werden nur solange von einem individuellen Investor nachgefragt, bis die interne Verzinsung in der Periode $t_{opt.}$ bis auf den Marktzinssatz i gesunken ist.

Bei einer kürzeren Investitionsdauer nur bis zum Zeitpunkt t_a liegt die Verzinsung bei r_a, also deutlich über dem Marktzinssatz; es besteht ein klarer Anreiz, weiter in Humankapital zu investieren. Zu dem Zeitpunkt $t_{opt.}$ entspricht die

---

[122] Vgl. **Becker** (1993/1964), S. 59 - 70, **Lucas** (1972), S. 42 - 46.

[123] Vgl. **Smith** (1994), S. 78 f.

Rendite aus der Humankapitalinvestition dem internen Zinssatz und dem Marktzinssatz, für $t_{opt.}$ gilt r = i. Darüber hinaus sind zusätzliche Humankapitalinvestitionen weniger rentabel als alternative Investitionen mit einer Verzinsung von i und unterbleiben daher. Wird bis zum Zeitpunkt t_b weiterinvestiert, liegt der Zinssatz nur noch bei r_b unter dem Marktzinssatz.

Abbildung 3:

Rentabilität einer Humankapitalinvestition

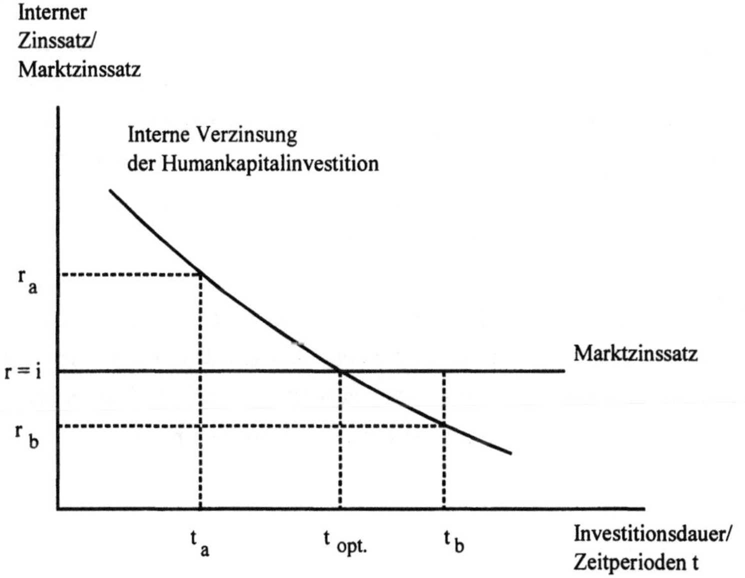

Quelle: eigene Abbildung in Anlehnung an **McConnell, Brue** (1992), S. 99.

Bevor das in diesem Abschnitt entwickelte individuelle Kosten-Ertrags-Kalkül in Kapitel 3 näher betrachtet und ausgebaut wird, soll in Abschnitt 2.5 zunächst auf Kritik am Humankapitalkonzept eingegangen werden.

2.5 Zur Kritik am Humankapitalansatz

Im Zusammenhang mit der zentralen Kausalitätskette des Humankapitalansatzes, nach der Humankapitalinvestitionen zu Produktivitätssteigerungen führen und die Investoren in der Erwerbsphase entsprechend dieser gestiegenen Produktivität höher entlohnt werden,[124] sind zwei Hauptkritikpunkte an dieser Argumentation aufzugreifen und einordnend zu würdigen:[125]

Zunächst ist als kritisch formulierter Einwand die Ability-Hypothese zu nennen. Sie geht davon aus, daß höhere Erträge von Individuen nicht durch Investitionstätigkeit erworbenes Humankapital, sondern durch ihre größere Ability, das heißt durch gegebene, angeborene, ererbte Begabungen, Talente und Fähigkeiten[126], erzielt werden. Damit im unmittelbaren Zusammenhang steht als zweiter Kritikpunkt die sogenannte Screening- oder Credentialism-Hypothese. Nach dieser Hypothese dient eine kostspielige Ausbildung lediglich dazu, diejenigen Individuen mit einer gegebenen höheren Begabung für hochbezahlte, produktivere Tätigkeiten in einem Filterprozeß auszuwählen.

Die Behauptungen der beiden alternativen Ansätze zum vermuteten Einfluß von Ability und Screening sind zwar nicht völlig unbegründet. Sie greifen aber meines Erachtens den Kern des Humankapitalansatzes in seinen Hauptaussagen nicht an. Beide Kritikpunkte werden hier kurz einordnend behandelt.

---

124 Vgl. *Abschnitt 2.1.*

125 Zu einer kritischen Auseinandersetzung mit dem Humankapitalansatz auf verschiedenen Ebenen vgl. **Clement** (Hrsg.) (1981), **Scheuer** (1987), S. 77 - 82, **Blaug** (1992), S. 206 - 219, **Smith** (1994), S. 86 - 90, **Sesselmeier, Blauermel** (1997), S. 73 - 77; eine fundamentalere Kritik an den Aussagen der Humankapitaltheorie außerhalb des engeren ökonomischen Kontexts aus einer marxistisch orientierten Sichtweise wurde von BOWLES und GINTIS vorgebracht; vgl. **Bowles** (1972), **Bowles, Gintis** (1975), **Bowles, Gintis** (1976), sowie die Kommentierung dieser Sicht bei **Psacharopoulos** (1981a), S. 14, **Chapman** (1993), S. 16 f.

126 Vgl. **Sapsford, Tzannatos** (1993), S. 89.

2.5.1 Ability

Es erscheint zunächst intuitiv einleuchtend, daß manche Individuen auch deswegen höhere Erträge erzielen, weil sie eine überdurchschnittliche angeborene Begabung haben und aus diesem Grund, und nicht, weil sie zunächst Humankapital durch Ausbildungsinvestitionen erwerben müssen, im Berufsleben höhere Erträge erzielen.[127]

Unbestreitbar verfügen die Individuen über eine unterschiedlich ausgestaltete Ability, aber jedes Individuum muß dennoch in einer Investitionsphase in sein Humankapital investieren, um in der Erwerbsphase höherer Erträge zu realisieren. Die Abbildung 4 erweitert die Darstellung der kumulierten Humankapitalbestandsfunktion für ein typisches Individuum aus der Abbildung 2 und zeigt die Verläufe der Bestandsfunktionen von zwei unterschiedlich begabten Individuen I_1 und I_2.[128]

Zwar haben die beiden Bestandskurven eine unterschiedliche Steigung, weil das Individuum I_1 mit einer größeren gegebenen Ability ausgestattet ist als Individuum I_2. Aber bei beiden Individuen sinken die marginalen Zuwächse im Humankapitalbestand mit zunehmenden Investitionen.[129] Das Individuum I_1 erzielt aus Investitionsprojekten eine in Relation zu dem weniger „begabten" Individuum I_2 höhere Rendite. Beide Individuen investieren solange, bis die interne Verzinsung ihrer jeweiligen Investitionen auf den Marktzinssatz gesunken sind. Die Individuen I_1 und I_2 werden daher unterschiedlich hohe Bestände aufbauen, mit der sie aber die gleiche marginale Rendite entsprechend dem herrschenden gegebenen Marktzinssatz erzielen. Individuum I_1 wird wegen seiner höheren Ability und seiner Investitionen dauerhaft höhere Periodenerträge

---

[127] Vgl. dazu kritisch **Becker** (1989), S. 19 - 21.

[128] Vgl. *Abbildung 2* in *Gliederungspunkt 2.4.2.*

[129] Vgl. **Siebert** (1985), S. 10 - 12.

gegenüber dem Individuum I_2 erzielen können. Ein analoges Investitionskalkül nehmen jedoch beide Individuen gleichermaßen vor.

Abbildung 4:

Alternative Humankapitalbestandsentwicklungen

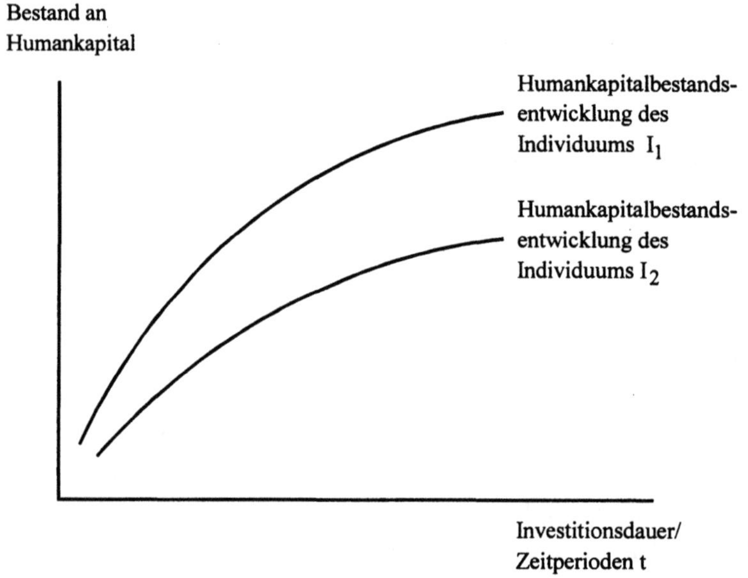

<u>Quelle</u>: eigene Abbildung in Anlehnung an **Siebert** (1985), S. 11.

Insofern sind die oben getroffenen Aussagen des Humankapitalansatzes für beide Individuen in ihrer Kausalität gleichermaßen gültig, nur die jeweilige Verzinsung einer bestimmten Investition der betrachteten Individuen ist jeweils verschieden.[130] Ein Individuum I_1 mit einer höheren unterstellten Ability erreicht ceteris paribus aus einer gegebenen Humankapitalinvestition eine höhere interne Verzinsung als ein weniger „begabtes" Individuum I_2.

Bei der weiteren Humankapitalanalyse wird eine gegebene Ability des investierenden Individuums unterstellt.[131] Es ist für die weitere Betrachtung individueller Humankapitalinvestitionen zunächst unerheblich, wie hoch diese im Vergleich zu anderen Individuen sind.

2.5.2 Screening

Nach dem zweiten Kritikpunkt, der Screening-Hypothese[132], dient eine Ausbildung nicht der Produktivitätssteigerung, sondern sie filtert lediglich die Individuen mit einer höheren Ability heraus.[133] Sie werden dann nach ihrer Ability und der damit einhergehenden Ertragshöhe sortiert.[134]

Die Abbildung 5 veranschaulicht diese alternative Argumentationslinie. Individuelle Bildungs- und Ausbildungsaktivitäten (D) dienen hier nicht als humankapitalbildende und daher produktivitätssteigernde Investitionen wie in der Abbildung 1, sondern sollen lediglich zur Erkennung und Bestimmung unterschiedlicher Ability der Individuen führen.[135] Es werden höherwertige Zertifikate (E) in

---

130 Vgl. **Becker** (1993/1964), S. 123 - 131, **Smith** (1994), S. 81 f.

131 Vgl. auch **Costrell** (1994), S. 1, der in seiner humankapitaltheoretischen Modellierung zu verschiedenen Niveaus von Ausbildungsstandards von einem gegebenen Niveau an Ability ausgeht.

132 Zu der Screening-Hypothese vgl. die Diskussion bei **Stiglitz** (1975b), **Riley** (1979), **Whitehead** (1981), **Blaug** (1985), S. 20 - 23, **Siebert** (1985), S. 51 - 59, **Woodhall** (1987b), S. 23 f., **Cohn, Geske** (1990), S. 58 - 63, **Oosterbeek** (1992b); vgl. auch die spieltheoretische Analyse des Screening zwischen Arbeitsanbietern und -nachfragern bei **Rasmusen** (1989), S. 212 - 217.

133 Vgl. **Arrow** (1973).

134 Vgl. **Stiglitz** (1975a), S. 28 - 30, **Siebert** (1985), S. 54.

135 Vgl. die *Abbildung 1* in *Gliederungspunkt 2.1.1.*

Form von Dokumenten wie Zeugnissen, Meisterbriefen oder Diplomen erworben, die die größere Ability eines Individuums widerspiegeln sollen. Diese Dokumente sollen für die Arbeitgeber auf dem Arbeitsmarkt als ein Signal[136] für eine hohe individuelle Ability gelten. Aus diesen Zertifikaten, nicht aber aus der Investition in die Ausbildung, ergeben sich dann in dieser Argumentationslinie die höheren Erträge (F).

Abbildung 5:
Grundschema der Screening-Hypothese

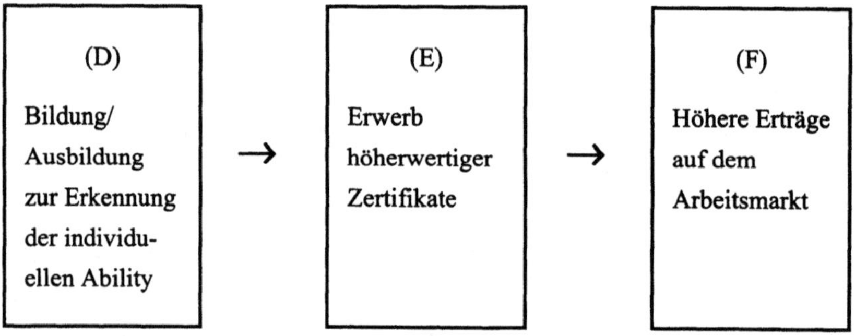

Quelle: eigene Abbildung in Anlehnung an **Cohn, Geske** (1990), S. 58.

In einer Welt mit perfekter Information wären die Unternehmen als Nachfrager des individuellen Humankapitals nicht auf Zertifikate über die Arbeitnehmer angewiesen, da sie über die individuelle Leistungsfähigkeit und die Qualifikationen von Bewerbern vollständig informiert wären. In der Realität herrscht aber für

---

[136] Zur Funktionsweise des Signaling auf Arbeitsmärkten vgl. **Spence** (1973), **Spence** (1974), **Weiss** (1995); vgl. auch die spieltheoretische Analyse des Signaling zwischen Arbeitsanbietern und -nachfragern bei **Rasmusen** (1989), S. 205 - 211.

die Unternehmen Ungewißheit über die tatsächliche Produktivität eines Individuums, das sie potentiell dauerhaft beschäftigen wollen.[137]

Natürlich bestehen in einer Situation unter Ungewißheit für einen Arbeitgeber Informationsprobleme über das individuell kumulierte Humankapital und die Produktivität eines potentiellen Mitarbeiters vor dem Beginn einer Beschäftigung. Insofern erleichtern Zertifikate die anfängliche Personalauswahl. Je länger aber ein Mitarbeiter im Zeitablauf in einem Unternehmen mit bestimmten Aufgabenbereichen betraut ist, desto einfacher wird es für den Arbeitgeber, die Produktivität des jeweiligen Mitarbeiters zu beobachten, einzuschätzen und seine Leistungsfähigkeit zu bewerten.

Wäre die gesamte Humankapitalbildung nur als ein Sortiermechanismus zur Erlangung von Zertifikaten und damit zur Dokumentation einer ex ante zu Lebensbeginn gegebenen Leistungsfähigkeit anzusehen, gäbe es verschiedene deutlich günstigere Mechanismen der Selektion für die Arbeitgeber[138] als eine zeitintensive Humankapitalbildung über mehrere Jahre, die mit sehr hohen, eventuell dann sogar prohibitiv hohen,[139] direkten und indirekten Kosten verbunden ist.[140]

Der potentielle Arbeitgeber kann die durch Humankapitalinvestitionen erworbene Produktivität eines Bewerbers sicherlich in einer Situation unter Unsicherheit, wie sie bei der Personalauswahl besteht, anhand eines ihm vorgelegten Zertifikats besser beurteilen.[141] Zertifikate reduzieren seine Informationsmängel über den potentiellen Mitarbeiter vor Beginn der Beschäftigungsphase erheblich. Während

---

137 Vgl. **Chapman** (1993), S. 41 f., S. 44 - 53.

138 Vgl. zum Beispiel **Guasch, Weiss** (1981), **Alewell** (1994), S. 60 - 62.

139 Vgl. **Stiglitz** (1975a), S. 29 f.

140 Vgl. **Becker** (1989), S. 19 f.; zu den potentiellen negativen Folgen von Sortiermechanismen in Bildungssystemen vgl. **Stiglitz** (1975a), S. 29 f.

141 Vgl. **Stiglitz** (1975b).

einer längerfristigen Beschäftigung ist die Produktivität für den Arbeitgeber im Produktionsprozeß zu beobachten, es erfolgt eine kontinuierlich zunehmende Annäherung der beobachtbaren an die tatsächliche Produktivität des vorhandenen Humankapitals, bis die beiden Produktivitäten deckungsgleich sind und der Arbeitgeber über die Qualität des ihm angebotenen Humankapitals vollständig informiert ist. Für die darauffolgenden Beschäftigungsperioden ist ihm die individuelle Produktivität bekannt. Bei langfristigen Beschäftigungsverhältnissen, die gerade für hochqualifizierte Arbeitnehmer mit einem hohen Humankapitalstock typisch sind, spielen die Screeningmodelle damit nur eine untergeordnete Rolle.[142]

Insofern ist solches anfängliches Screening vor der Einstellung durch ein Unternehmen und in der Anfangsphase eines Beschäftigungsverhältnisses durchaus als „complement to the human capital approach"[143] anzusehen.[144] Daher wird auch in dieser Arbeit Screening als Mechanismus zur Verringerung von anfänglichen Informationsproblemen über die Arbeitsqualität gesehen und als komplementäre Ergänzung zum Humankapitalansatz betrachtet. Humankapitalbildung steigert grundsätzlich die individuelle Produktivität und kann daneben bei Informationsproblemen komplementär als Signal auf dem Arbeitsmarkt gesehen werden.[145]

Die Grundaussagen des Humankapitalansatzes und die sich daran anschließenden Überlegungen und Folgerungen in dieser Schrift werden weder durch den Ability-Approach noch durch die Screening-Hypothese in ihrem zentralen Aussagegehalt auch nur ansatzweise erschüttert.

---

142 Vgl. dazu genauer den *Gliederungspunkt 4.1.3.*

143 **Cohn, Geske** (1990), S. 67 f.

144 Vgl. **Blaug** (1976), S. 67 f.

145 Vgl. zu der plausiblen Annahme einer komplementären Beziehung von Produktivitätssteigerung einerseits und Screening/Signaling andererseits durch individuelle Humankapitalbildung auch bei **Siebert** (1985), S. 51, **Fisher, Dornbusch, Schmalensee** (1988), S. 303.

3 Erweiterungen des individuellen Entscheidungskalküls

In diesem dritten Kapitel wird das einfache Humankapital-Kosten-Ertrags-Modell aus dem Abschnitt 2.4 des vorangegangenen Kapitels um relevante neue zusätzliche Aspekte, die in dem einfachen Humankapitalgrundmodell bisher unberücksichtigt geblieben sind, erweitert. Dazu werden Variationen der Fristigkeit des zeitlichen Betrachtungshorizonts (siehe Abschnitt 3.1), der relativen Ertragshöhen vor und nach der Humankapitalbildung (siehe Abschnitt 3.2) der Art und des Grades der Spezifität von Investitionen in Humankapital (siehe Abschnitt 3.3), der Ungewißheit in unterschiedlichem Ausmaß (siehe Abschnitt 3.4) sowie Aspekte der räumlichen Mobilität (siehe Abschnitt 3.5) als Einflußgrößen analysiert. Diese Einflüsse werden dann jeweils als Erweiterungen in die Modellierung des einzelwirtschaftlichen Entscheidungskalküls integriert, um den Aussagegehalt des Ansatzes insgesamt zu erhöhen und ihn den real stattfindenden individuellen Investitionsentscheidungsprozessen bei der Humankapitalbildung besser annähern zu können.

3.1 Zeitperspektive bei Humankapitalinvestitionen

3.1.1 Humankapitalinvestitionen im Zeitablauf

Humankapitalinvestitionen kosten Zeit; während dieser Zeit der investiven Aktivitäten bleibt in der Regel kein Zeitfenster für eine marktliche Tätigkeit mit der Realisierung von Erträgen aus einer regelmäßigen Beschäftigung auf dem

Arbeitsmarkt.[146] Die potentiellen Erträge während der Investitionsphase, im Kosten-Ertrags-Entscheidungskalkül als indirekte Kosten der Humankapitalbildung berücksichtigt, gehen im Lebensablauf eines Menschen unwiederbringlich verloren. Die Zeitdauer und die zeitliche Verteilung der Kosten- und Ertragsblöcke bilden damit zentrale Determinanten der Humankapitalinvestitionen des Einzelnen.

Die Abbildung 6 veranschaulicht den typischen zeitlichen Ablauf einer Humankapitalinvestition. Die Fläche (1) zeigt die zusätzlichen Erträge aus der Humankapitalbildung, die Fläche (2) die indirekten Kosten und die Fläche (3) die direkten Kosten der Humankapitalinvestition. Die direkten und die indirekten Kosten fallen während der Investitionsphase an, die Erträge fließen während der Erwerbsphase. Der Zeitpunkt t_0 ist der Beginn der Investition, der Zeitpunkt n der betrachtete Zeithorizont, das heißt die letzte Periode, in der noch Erträge erzielt werden. Im Zeitpunkt m findet im Fall der Humankapitalbildung der Übergang von der Investitionsphase mit den Kostenblöcken (3) und (2) zur Ertragsphase mit den zusätzlichen Erträgen (1) statt.

Ohne Humankapitalbildung erzielt das nicht investierende Individuum die monetären Erträge in Höhe der Basiserträge E_B über den gesamten Betrachtungszeitraum von der Periode 0 bis n. Zusätzliche Investitionskosten und Investitionserträge entstehen ihm für diesen Fall nicht. Das Individuum geht dauerhaft einer unqualifizierten Tätigkeit nach, ohne sich zusätzlich zu qualifizieren.

Mit Humankapitalbildung erzielt das Individuum als Investor zwar in den Perioden von m bis n die höheren Erträge E_{HK}. Diesen Erträgen in den Perioden von 0 bis m stehen allerdings die entgangenen Erträge als indirekte Kosten sowie die direkten Kosten von $K_{dir.}$ gegenüber. Dabei entspricht die Höhe der Basiserträge der Höhe der indirekten Kosten ($E_B = K_{ind.}$).

---

[146] Zur ökonomischen Theorie der Allokation von Zeit vgl. **Becker** (1965), **Ghez, Becker** (1975), **Sharp** (1981), **Hirshleifer, Glazer** (1992), S. 395 - 435; vgl. auch **Dietl** (1993), **O'Driscoll, Rizzo** (1996), S. 52 - 70.

Abbildung 6:

Kosten und Erträge der Humankapitalbildung und -nutzung im Zeitablauf

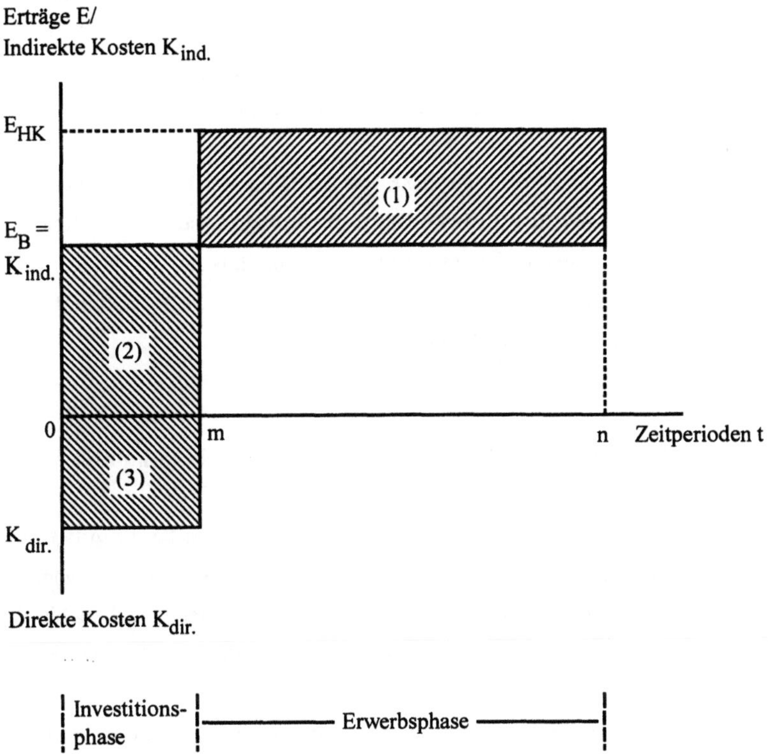

<u>Quelle</u>: eigene Abbildung in Anlehnung an **Elliott** (1991), S. 161.

Die Abbildung 6 zeigt eine graphische Darstellung des formalisierten Entscheidungskalküls des Abschnitts 2.4 im Zeitablauf. Die Entscheidung über die Vorteilhaftigkeit einer Investition ergibt sich hier aus dem Vergleich der Kostenflächen (2) und (3) einerseits und der Ertragsfläche (1) andererseits. Die Entscheidungsregel lautet ceteris paribus bei dieser graphischen Darstellungsform:

> Führe die Investition durch, falls die Fläche (1) der zusätzlichen Erträge aus der Humankapitalinvestition größer ist als die Summe der Fläche (2) der direkten Kosten plus der Fläche (3) der indirekten Kosten (Fläche (1) > Fläche (2) + Fläche (3)); andernfalls investiere nicht.

Die zeitliche Dauer der Investitionsphase und die Höhe der beiden Kostenkomponenten einerseits sowie die zeitliche Dauer der Ertragsphase mit der Höhe der zusätzlichen Erträge andererseits bestimmen ceteris paribus im Verhältnis zueinander die Vorteilhaftigkeit einer Humankapitalinvestition. Die Rentabilität einer Investition variiert mit der Fristigkeit in den beiden Phasen.

3.1.2 Kurzfristige und langfristige individuelle Entscheidungskalküle

Ausgehend von der Unterteilung des Zeithorizonts in nur zwei Perioden läßt sich die zeitliche Analyse erstens durch Variation der Periodendauer der Ertragsphase und zweitens durch die Variation der Kostenphase ausweiten, letztlich bis die gesamten potentiellen Lebensertragsperioden eines Individuums erfaßt werden.

Die einfache Modellform erfaßt die Humankapitalbildung über zwei idealtypische Perioden.[147] In diesen beiden Perioden wird das Angebot von Humankapital annahmegemäß in der ersten Periode, der Gegenwartsperiode, durch Investition gebildet, in der zweiten Periode, der Zukunftsperiode, fließen die zusätzlichen Erträge aus dieser einperiodigen Investition. Die Abdiskontierung der zukünftigen Erträge in der Gegenwart erfolgt lediglich über eine einzige Zukunftsperiode.

---

[147] Vgl. **Luckenbach** (1979), **Chapman** (1993), S. 23 - 26.

Die Formalisierung der Gleichung (5)[148] vereinfacht sich bei nur zwei Perioden zu der Gleichung (7) in

$$V = - K_{HK,0} + E_{HK,1} (1 + d)^{-1} . \quad (7)$$

In dieser Gleichung entstehen durch die Humankapitalbildung in der Investitionsperiode 0 direkte und indirekte Kosten in einer Gesamthöhe von $K_{HK,0}$.[149] Die Erträge $E_{HK,1}$ in der Erwerbsperiode 1 übersteigen die Basisperiodenerträge ohne Humankapitalbildung. Das Individuum entscheidet über die Vorteilhaftigkeit einer Investition durch einen Vergleich der von ihm jeweils erwarteten Gegenwartswerte mit und ohne Humankapitalbildung unter Beachtung der Abdiskontierungsrate d.

Das Zwei-Perioden-Modell ist geeignet, den Kern des Humankapitalinvestitionsansatzes zu verdeutlichen: Ein Konsumopfer durch Investitionstätigkeit wird in der Gegenwartsperiode erbracht, um in der Zukunft, hier genauer in der Zukunftsperiode, zusätzliche Erträge zu erhalten. Allerdings ist der Erklärungsgehalt eingeschränkt, da die zeitliche Verteilung invariabel mit nur zwei Perioden (erste Periode: Investition; zweite Periode: Nutzung) festgelegt ist. Es bietet sich daher eine realistischere Betrachtungsweise an, die die Dauer beider unterschiedlichen Phasen, der Investitionsphase und der Erwerbsphase, variiert, zunächst die Anzahl der Ertragsperioden, dann auch die Anzahl der Kostenperioden.

Die erste Erweiterung des einfachen Zwei-Perioden-Modells stellt den Kosten aus einer Investitionsperiode die Erträge aus mehreren folgenden Ertragsperioden gegenüber. Die Erträge verteilen sich nun auf die Perioden 1 bis n, mit n als dem zeitlichen Planungshorizont von Humankapitalbildung und -nutzung. Diese

---

148 Vgl. die *Gleichung (5)* in *Gliederungspunkt 2.4.2.*

149 In der zweiten Zeitperiode können keine Kosten aus der Humankapitalinvestition mehr entstehen, da der Zeithorizont insgesamt nur zwei Perioden beträgt; vgl. dazu den *Gliederungspunkt 2.4.2.*

Modellerweiterung berücksichtigt bereits die typischerweise mehrjährige Nutzungsdauer von Humankapital.

Die nachfolgende Gleichung (8) zeigt die Erweiterung der Ertragsseite auf mehrere Perioden bei nur einer Investitionsperiode mit den Gesamtkosten $K_{HK,\,0}$:

$$V = -\ K_{HK,0} + \sum_{t=1}^{n} E_{HK,t}\ (1+d)^{-t} \tag{8}$$

In diesem Fall hat nicht mehr nur der Ertrag der Periode t_1 Einfluß auf den Gegenwartswert, sondern alle zukünftig fließenden Erträge bis zum erweiterten Zeithorizont n, während die Kosten wie bisher nur in der Periode t_0 auftreten. Die Investition ist ceteris paribus um so vorteilhafter, je länger die Erträge $E_{HK,\,t}$ im Zeitablauf fließen. Bei einem sehr langen Zeithorizont bleibt eine Humankapitalinvestition unter Umständen auch bei nur sehr geringen Ertragszuwächsen je Periode rentabel.[150] Individuen mit einem nur sehr kurzfristigen für sie relevanten Betrachtungshorizont investieren daher weniger in ihr Humankapital als Individuen, die ihren Investitionsentscheidungen einen langfristigen Zeithorizont zugrunde legen.

Variiert man weiter auch die Periodendauer der Investitionsphase, sinkt die Vorteilhaftigkeit mit zunehmender zeitlicher Länge der Investitionsphase. Die Gleichung (9) formalisiert diese Erweiterung in der zeitlichen Betrachtung:[151]

$$V = -\sum_{t=0}^{m} K_{HK,t}\ (1+d)^{-t} + \sum_{t=m+1}^{n} E_{HK,t}\ (1+d)^{-t} \tag{9}$$

---

150 Vgl. **McConnell, Brue** (1992), S. 90.

151 Hier fällt das Ende der Investitionsphase genau mit dem Ende der Periode m zusammen; alternativ läßt sich ein Übergang innerhalb der Periode m annehmen.

In der Gleichung (9) dauert die Investitionsphase von Periode t_0 bis zu der letzten Investitionsperiode m und die Ertragsphase von der ersten Erwerbsperiode m +1 bis zur letzten betrachteten Periode n. Bei als gegeben angenommenen Ertrags- und Kostenhöhen der Humankapitalinvestition ist die Höhe der Vorteilhaftigkeit vom Verhältnis der Dauer von Kosten- zu den Ertragsperioden bestimmt. Die Humankapitalinvestition ist demnach um so vorteilhafter,

- je kürzer die Investitionsphase in den Perioden von 0 bis m und
- je länger die Ertragsphase in den Perioden von m + 1 bis n andauert.[152]

Der Gegenwartswert aus einer Investition steigt für den Einzelnen ceteris paribus, je früher die Investition abgeschlossen ist, und je höher die Anzahl der Rückflußperioden zwischen der ersten und der letzten Periode, in denen Erträge aus der Investition fließen, ist.

Diese Aussage zur zeitlichen Verteilung der Investition und der Dauer ihrer nachfolgenden Nutzung in einem Beschäftigungsverhältnis auf dem Arbeitsmarkt läßt sich bis auf eine Betrachtung über die gesamten potentiellen Lebensperioden eines Individuums ausdehnen,[153] in denen solche Erträge erzielt werden können.[154]

So ist es vor diesem Hintergrund plausibel, daß in Entwicklungsländern, denen es gelungen ist, die niedrige durchschnittliche Lebenserwartung ihrer Bevölkerung zum Beispiel durch hochwertigere Ernährung und bessere gesundheitliche Versorgung deutlich zu steigern, dieser Sachverhalt erheblich dazu beigetragen hat, daß die Humankapitalinvestitionen der Menschen in diesen Ländern signifi-

---

152 Vgl. **Schellhaaß, Kelp** (1995), S. 402.

153 Vgl. **Becker** (1976), S. 18 - 32.

154 Zu langfristigen Investitionsentscheidungen und Einkommensverläufen über den gesamten individuellen Lebensablauf vgl. **Ben-Porath** (1967), **Heckman** (1974), **Heckman** (1976), **Rosen** (1976a), **Layard** (1979), **Schmähl** (1983) (Hrsg.), **Weiss** (1986), **Blossfeld, Hannan, Schömann** (1993), **Polachek, Siebert** (1993), S. 1 - 5, S. 16 - 22, **Fachinger** (1994), **Schömann** (1994).

kant zugenommen haben. Die Investoren in Humankapital können wegen eines längeren Lebenszeithorizonts bei einer zeitlich konstanten Investitionsphase die Rückflüsse über eine erhöhte Anzahl an Perioden in der Erwerbsphase erwarten. Ihre Investitionen werden so für sie rentabel, die gesamtwirtschaftliche Humankapitalbildung in diesen Ländern steigt an.[155] Ist dagegen ein hoher Anteil junger Menschen, wie zur Zeit für einige afrikanische sowie süd- und südostasiatische Länder zu vermuten,[156] mit dem HIV-Virus infiziert und verkürzt sich durch die Ausbreitung von AIDS die durchschnittliche Lebenserwartung der Bevölkerung in den betroffenen Ländern, so wird die Humankapitalinvestitionstätigkeit in diesen Ländern absinken.

Nun soll angenommen werden, daß ein Investor ex ante eine Ja-Nein-Entscheidung über eine zentrale Humankapitalinvestition in seinem Lebensverlauf zu treffen hat. Humankapitalinvestitionen finden regelmäßig zu Beginn der potentiellen Lebensertragsperioden statt, da so im Anschluß an die Humankapitalbildung die höchste Anzahl an Rückflußperioden genutzt werden kann. Jüngere Investoren investieren ceteris paribus mehr, da sie eine längere Erwerbsphase aufweisen und daher über eine höhere Anzahl von Zeitperioden hinweg marginale Erträge aus den Investitionen realisieren können als ältere Investoren.

Es sei beispielhaft angenommen, daß ein Investor die Möglichkeit zu einer Humankapitalinvestition im Alter von 16 Jahren über eine Dauer von acht Jahren hat (zum Beispiel drei Jahre Oberstufe bis zum Abitur und fünf Jahre Studium) und das Ende der Lebensertragsperioden im Alter von 65 Jahren liegt. Sieht man die Zeitperioden t als jährliche Perioden, so entspricht das 16. Lebensjahr dann der Periode 0, die Periode m ist das 24. Lebensjahr und die letzte Periode n ist das 65. Lebensjahr. Der Investitionsphase von acht Perioden steht dann eine Ertragsphase über 41 Jahre gegenüber, während der sich die Investition amortisieren kann. Solche Lebenszeitraumbetrachtungen setzen allerdings eine voll-

---

155 Vgl. **Schultz** (1980), S. 12 - 14; vgl. auch **Stiglitz** (1988a), S. 146 f., **Schultz** (1993).

156 Vgl. **Montagnier** (1997), S. 123 - 132, S. 236 - 247, **Schuh** (1998).

ständige Kontinuität ohne zeitliche Unterbrechungen sowohl der Investitions- wie der Erwerbsphase des Investitionsvorhabens voraus, wie in der Abbildung 6 für den gesamten Zeitraum von der Periode 0 bis n angenommen.

3.1.3 Variation der Investitionsphase und der Ertragsphase

Festgelegte Phasenverläufe mit einer vorgegebenen Investitions- und Ertragsdauer ohne Unterbrechungen können jedoch nicht in jedem Fall im Kalkül zugrundegelegt werden. In der Zeitperspektive können die folgenden Umstände die Rentabilität beeinflussen:[157]

- Variationen des relevanten Zeithorizonts, das heißt bei einer Verkürzung eine vorzeitige Entwertung des Humankapitals,
- Veränderungen des Endzeitpunkts der Investitionsphase sowie
- Diskontinuität durch zeitliche Unterbrechungen im Lebenslauf.

In der Abbildung 7 sind unter Vernachlässigung der direkten Kosten solche Variationsmöglichkeiten im zeitlichen Ablauf eines Humankapitalinvestitionskalküls dargestellt. Auf der Abszisse sind die Investitionsphase von der ersten Periode 0 bis Periode m und der Ertragsphase bis zum Zeithorizont n dargestellt. An der Dauer der Investitions- sowie der Ertragsphase werden nun Variationen vorgenommen.

Zunächst kann sich der Zeithorizont von der Periode n um v Perioden auf eine vorangehende Periode (n - v) reduzieren. In diesem Fall gehen die Erträge der Fläche (1) für die Perioden von (n - v) bis n verloren. Ein Grund für eine derartige Verkürzung kann in der politisch motivierten administrativen Verkürzung der Lebensarbeitszeit (beispielsweise durch Zwangs- oder Frühverrentung)

---

[157] Vgl. auch **Kaufman** (1989), S. 299 f.

begründet sein.[158] Eine Verlängerung des Zeithorizonts hätte demgegenüber rein positive Ertragswirkungen, da über den geplanten Zeithorizont n hinaus in nachfolgenden Perioden weiterhin Erträge aus der Investition fließen würden.

Abbildung 7:

Variation von Investitions- und Erwerbsphase

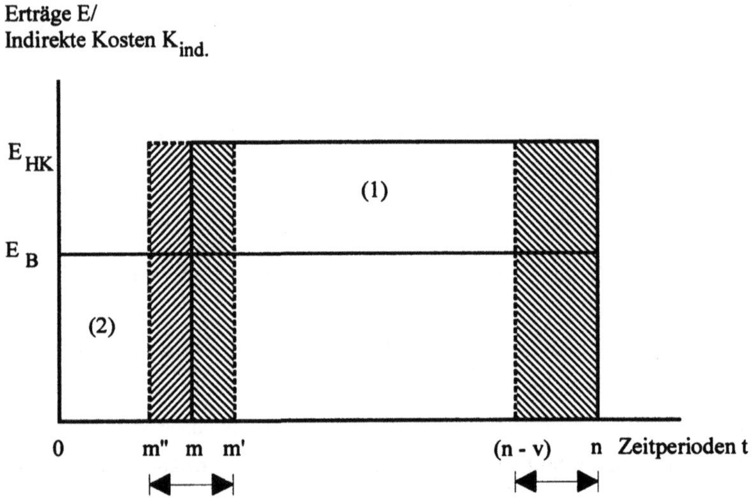

Quelle: eigene Abbildung.

Ertragsverluste resultieren auch aus einer potentiellen vorzeitigen Abschreibung des Humankapitals im Zeitablauf. Wird das gebildete Humankapital zum Beispiel durch Veralterung für die Güterproduktion bereits in der Periode (n - v), und nicht erst wie ex ante geplant in der Periode n, wertlos, verringert sich die Fläche

[158] Vgl. auch den *Gliederungspunkt 5.3.3.*

(1), und die erwarteten Zusatzerträge oberhalb von E_B ab dem Zeitpunkt (n - v) können nicht mehr realisiert werden; der Zeithorizont für die Erwerbsphase verkürzt sich um v Perioden.[159]

Auch die Übergangsperiode m von der letzten Investitions- zur ersten Ertragsperiode kann sich verschieben. Wird m kleiner, beispielsweise nur bis zur Periode m'', dann wird die gleiche Investition in Humankapital in einer kürzeren Zeit durchgeführt. Dadurch verringert sich bei als konstant angenommenen direkten Kosten[160] der indirekte Kostenblock (2) und vergrößert sich der Ertragsblock (1). Der Gegenwartswert der Investition steigt an. Analog führt eine verlängerte Investitionsphase bis zur letzten Investitionsperiode m' zu steigenden indirekten Kosten (2) bei insgesamt sinkenden Erträgen (1). Je größer m, desto niedriger ist ceteris paribus der Gegenwartswert der Investition. Ein Beispiel für unterschiedlich lange Investitionsphasen bei gleichem Niveau der Humankapitalerträge könnte eine gut organisierte Struktur eines Hochschulstudiums mit einer relativ kurzen Dauer der Investitionsphase gegenüber einer weniger geeigneten Struktur mit einer dadurch bedingt längeren Investitionsphase sein.

Aber auch bei festliegenden Perioden m und n können sich im Zeitablauf Ertragseinbrüche ergeben. Diese resultieren aus Unterbrechungen der Erwerbsphase. Die Abbildung 8 zeigt eine solche potentielle Unterbrechung der Ertragsphase von s_1 bis s_2. In der Folge einer solchen Unterbrechung verringert sich wiederum die Ertragsfläche (1), falls das Individuum temporär aus dem Arbeitsmarkt ausscheidet.[161] Ein derartiger diskontinuierlicher Verlauf kann durch eine freiwillige Entscheidung des Individuums motiviert sein, aus exogenen Entwick-

---

[159] Zu den Gründen für die vorzeitge Abschreibung von Humankapital vgl. das folgende *Kapitel 4*, das arbeitsmarktliche und gesamtwirtschaftliche Veränderungen mit ihren Wirkungen auf das Humankapital analysiert.

[160] Zum Beispiel in Form von Studiengebühren für die gesamte Ausbildung, nicht pro Zeitperiode.

[161] Zu Unterbrechungszeiten und ihren Ursachen im individuellen Erwerbslebensverlauf vgl. **Mincer, Ofek** (1982).

lungen auf dem Arbeitsmarkt resultieren oder durch Staatseingriffe erzwungen sein.[162]

Abbildung 8:

Unterbrechung der Erwerbsphase

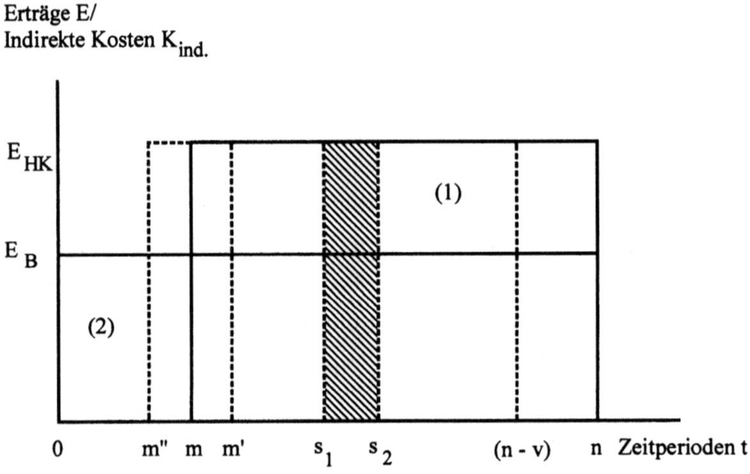

Quelle: eigene Abbildung.

Eine freiwillige Unterbrechung, die nicht durch das bestehende Beschäftigungsverhältnis selbst hervorgerufen wird, ist die Unterbrechung des Erwerbslebens über mehrere Jahre aus familiären Gründen, insbesondere wegen Kindererziehungszeiten oder Krankenbetreuung von Angehörigen. Eine erzwungene Unterbrechung folgt beispielsweise aus einer Phase über eine oder mehrere Perioden

[162] Vgl. den *Gliederungspunkt 5.3.3.*

einer exogen erzwungenen Arbeitslosigkeit,[163] die unterschiedlich begründet sein kann.[164] Beispielsweise kann eine Phase der Arbeitslosigkeit infolge eines generellen Nachfragemangels und den damit verbundenen Entlassungen durch die Unternehmen in einer Volkswirtschaft auftreten.

Die erwarteten Erträge während dieser Perioden gehen dem Individuum vollständig verloren. Besteht demgegenüber strukturelle Arbeitslosigkeit, von der vor allem Arbeitsplätze mit hohem Humankapitalbestand bei einer Ertragshöhe von E_{HK} betroffen sind, kann während der Arbeitslosigkeitsphase unter Umständen bei einer hinreichenden Nachfrage eine Tätigkeit mit einer Ertragshöhe von E_B ausgeübt werden. Die Ertragsverluste würden dann abgeschwächt.

Solche Auswirkungen im Zeitablauf müssen in das Individualkalkül integriert werden. Problematisch ist eine Prognose über den gesamten zeitlichen Verlauf, da es sehr unterschiedlich ausgestaltete Investitionsmöglichkeiten in einer Volkswirtschaft gibt und diese auch in ihrem Eintreten nicht sicher sind. Ebenso ist das Verhältnis der Erträge aus Beschäftigungsverhältnissen ohne und mit Humankapitalbildung zu berücksichtigen. Mit solchem sehr heterogen spezifischem Humankapital, in das unter Ungewißheit über die relevanten Entscheidungsgrößen investiert werden muß, beschäftigen sich die folgenden Abschnitte.

3.2 Einfluß der Ertragsdifferenz auf das individuelle Entscheidungskalkül

Das Individuum setzt bei seinem Entscheidungskalkül die Kosten und Erträge aus der Humankapitalinvestition in Relation zu denjenigen Erträgen, die es auf dem Arbeitsmarkt alternativ realisieren könnte, wenn es auf die Investition verzichten würde. Damit ist die Vorteilhaftigkeit der Humankapitalinvestition nicht nur

---

[163] Zur wahrscheinlichen durchschnittlichen Dauer von Arbeitslosigkeitsphasen in Abhängigkeit von unterschiedlichen Bildungsniveaus des Einzelnen vgl. **Kettunen** (1994).

[164] Vgl. **Möller** (1989).

abhängig von den Kosten und Erträgen der Humankapitalinvestition selbst, sondern sie steht in Beziehung zu den Erträgen unqualifizierter Arbeit.

Bisher wurde die Höhe der Basiserträge als eine feste Größe angenommen. Variiert man die Basiserträge, ergeben sich unmittelbare Rückwirkungen auf die Rentabilität des Investitionskalküls. Sowohl die Höhe der indirekten Kosten als auch die Ertragsdifferenz zwischen den realisierten Erträgen mit Humankapitalbildung und den geringeren Erträgen für Beschäftigungsverhältnisse ohne Humankapitalbildung hängen von der Höhe der Basiserträge ab. Die direkten Kosten sind vollkommen unabhängig von den hier betrachteten Ertragsdifferenzen.

In der Abbildung 9 wird die Rentabilitätswirkung der Ertragshöhe für unqualifizierte Beschäftigung deutlich.[165] Bei höheren Basiserträgen vergrößert sich die Fläche (2). Die indirekten Kosten der Investition während der Perioden von 0 bis m haben ein höheres Niveau (es gilt $E_B = K_{ind.}$), und die zusätzlichen Erträge aus der Humankapitalbildung in der Höhe der Ertragsdifferenz von E_{HK} - E_B während der Erwerbsperioden von m + 1 bis n fallen entsprechend geringer aus.

Liegen die Basiserträge im Vergleich niedriger als in der betrachteten Ausgangssituation E_B, entgehen dem Investor während der Investitionsphase Erträge in einem geringeren Umfang und die Ertragsdifferenz in der Erwerbsphase steigt. Die Opportunitätskosten der Fläche (2) sind geringer, die zusätzlichen Erträge der Fläche (1) liegen höher.

Insofern hat der Basisertrag E_B unmittelbar eine doppelte Rentabilitätswirkung. Die indirekten Kosten als Opportunitätskosten hängen von ihm ab und die Ertragsrelation von Erträge mit Humankapital zu Erträgen ohne Humankapital ist gleichfalls von ihm determiniert.

---

[165] Die direkten Kosten sind hier nicht dargestellt, da sie sich bei einer Variation der Basiserträge nicht ändern.

Abbildung 9:

Variation der Basiserträge

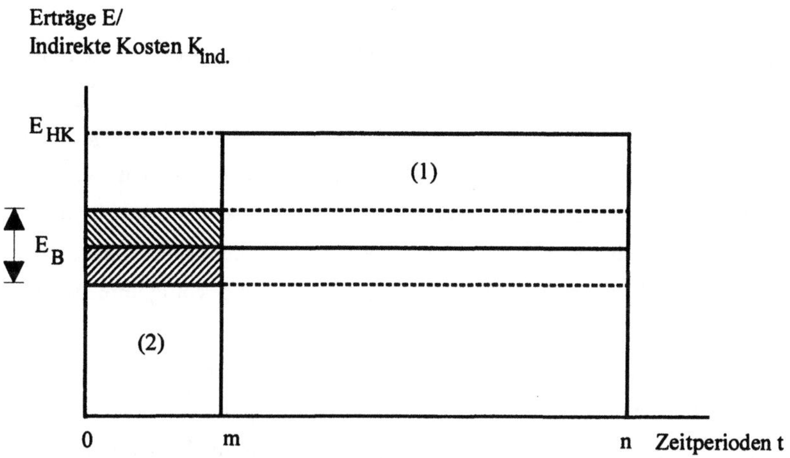

Quelle: eigene Abbildung.

Die Rentabilitätshöhe einer Humankapitalinvestition im individuellen Entscheidungskalkül variiert positiv (negativ) mit einem niedrigen (hohen) Basisertrag aus einer Beschäftigung ohne Humankapitalbildung.

Diese Ertragshöhe ist damit eine Referenzgröße für die Vorteilhaftigkeit von Humankapitalinvestitionen. Sie hängt zwar nicht unmittelbar mit der Investitionstätigkeit selbst zusammen, hat aber über die Höhe der Ertragsdifferenz als Opportunitätskostenkategorie dennoch einen erheblichen Einfluß auf die Investitionsrentabilität.

3.3 Spezifität des Humankapitals

3.3.1 Allgemeines versus spezifisches Humankapital

Bisher wurde das Humankapital in der Modellbetrachtung implizit nur in einer Niveaubetrachtung als eine bestimmte, gegebene Art von Humankapital gesehen. Das individuelle Investitionsverhalten wurde allein in der Entscheidung über die rentabilitätsmaximierende Höhe des Humankapitalinvestitionsniveaus optimiert. Diese stark vereinfachende Annahme ist besonders für hochentwickelte arbeitsteilige Volkswirtschaften mit sehr heterogenen Produktionsverfahren zur Herstellung unterschiedlichster materieller und immaterieller Güter völlig unrealistisch.

Individuelles Humankapital tritt in der Realität in sehr unterschiedlich ausdifferenzierten Erscheinungsformen und konkreten Ausprägungen auf. Die zentrale Unterscheidung beim individuellen Humankapital erfolgt in allgemeines Humankapital einerseits und in verschiedene Arten von spezifischem Humankapital andererseits.

Für den oben beschriebenen einfachen Fall des Humankapitalmodells mit nur einer gegebenen, homogenen Humankapitalart hängt die Investitionsrentabilität der Humankapitalbildung allein vom erreichten Niveau solchen Humankapitals ab.[166] Dieses Niveau läßt sich zum Beispiel an der Dauer der Schul- und Ausbildungsjahre messen. Diese Homogenitätsannahme wird hier modifiziert und erweitert. Die Annahme eines Kalküls allein bezüglich eines allgemeinen homogenen Humankapitalniveaus wird aufgelöst und dieses allgemeine nicht näher spezifizierte Humankapital um spezifische Arten von Humankapital ergänzt.

BECKER[167] und OI[168] haben bereits zu Beginn der sechziger Jahre für On-the-job Training den Begriff der Spezifität von Humankapital eingeführt, sie unterschei-

---

166 Vgl. den *Gliederungspunkt 2.4.2.*

167 Vgl. **Becker** (1962a), S. 11 - 27.

168 Vgl. **Oi** (1962), S. 540 - 545.

den bei den Ausbildungsinvestitionen der Individuen „General Training“[169] und „Firm-specific Training“[170].

In Anlehnung an diese Ausdifferenzierung wird allgemeines Humankapital definiert als solches Humankapital, daß die Produktivität des individuellen Investors nicht nur in der aktuellen Verwendung in einem bestimmten Unternehmen im Produktionsprozeß steigert, sondern auch in vielen anderen Unternehmen genauso produktivitätssteigernd eingesetzt werden kann. Allgemeines Humankapital bleibt bei einem Arbeitsplatz- oder Unternehmenswechsel vollständig erhalten. Es ist im Produktionsprozeß in beliebig vielen Verwendungen der Volkswirtschaft ubiquitär einsetzbar. Sehr allgemeines Humankapital besteht in allen modernen Gesellschaften zum Beispiel in dem Beherrschen grundlegender Kulturtechniken wie Sprechen, Lesen und Schreiben. Auch die Fertigkeit von Individuen, auf effiziente Art und Weise neues Wissen zu erwerben (Learning to Learn[171]), ist eine typische Form allgemeinen Humankapitals, da es für jede Beschäftigung in einem Unternehmen unabdingbare Voraussetzung für produktive Tätigkeiten ist.[172]

Demgegenüber versteht man unter spezifischem Humankapital[173] solches Humankapital, das die erwartete Rendite in Form von zusätzlichen Erträgen durch Produktivitätssteigerungen nur in wenigen bestimmten, spezifischen Verwendungen erbringt.[174] Vollkommen spezifisches Humankapital läßt sich nur in einer einzigen Verwendung in einem einzigen Unternehmen produktivitätssteigernd einsetzen und geht bei einem Arbeitsplatz- oder Unternehmenswechsel

---

169 **Becker** (1962a), S. 12, **Oi** (1962), S. 540.

170 **Becker** (1962a), S. 17, **Oi** (1962), S. 540.

171 **Alic** (1997), S. 10.

172 Vgl. **Alic** (1997), 10 f.

173 Zu der definitorischen Abgrenzung von Humankapitalspezifität gegenüber anderen Spezifitätsarten vgl. **Williamson** (1985), S. 95 f., **Williamson** (1989), S. 142 f., **Bonus, Weiland** (1995), S. 42 - 45.

174 Vgl. **Willis** (1986), S. 594; vgl. auch **Williamson** (1979), S. 242 - 245.

vollständig verloren.[175] Es ist im Produktionsprozeß idiosynkratisch hinsichtlich seiner Verwendung.

Ein typisches Beispiel für die Herausbildung hochspezifischen Humankapitals ist der Erwerb von besonderen Fertigkeiten zur Beherrschung komplizierter Produktionsabläufe aufgrund von individuellen Lernprozessen on-the-job in Abhängigkeit von der zeitlichen Erfahrung[176] im Sinne eines Learning-by-doing.[177] Solche Lernkurveneffekte erreichen beispielsweise Flugzeughersteller bei der Herstellung[178] und Instandhaltungsteams von Fluggesellschaften bei der Instandhaltung[179] von Verkehrsflugzeugen.[180]

In der Realität erwirbt jeder Investor regelmäßig allgemeines und spezifisches Humankapital in diversen Abstufungen zwischen den beiden Extremformen. In jedem individuellen Humankapitalbildungsprozeß erfolgen Investition in kombinierte Formen, die sich aber jeweils nach Niveau und Ausprägung des Humankapitals unterscheiden. Allgemeines Humankapital läßt sich in einer groben Differenzierung zunächst in unterschiedliche Niveaus unterteilen, beispielsweise in einen sehr niedrigen Humankapitalstock einerseits und in einen sehr hohen Humankapitalstock von Individuen andererseits. So lassen sich die Rentabilitäten

---

175 Vgl. **Becker** (1993/1964), S. 40.

176 Vgl. **Kraft** (1993), S. 136 f.

177 Vgl. **Williamson** (1985), S. 95 f. Der Learning-by-doing-Ansatz stammt von ARROW, vgl. **Arrow** (1962); vgl. dazu auch **Fellner** (1969), **Weiss** (1971), **Flueckiger** (1976), **Vassilakis** (1987); vgl. weiter bei **Williamson** (1975), S. 63 f., der auch auf die Effekte durch Teaching-by-doing und Doing-while-learning verweist; zu Lernkurveneffekten in der Produktion von Halbleitermikrochips vgl. auch die Untersuchung von **Gruber** (1994), S. 41 - 95.

178 Für die Lernkurveneffekte in der europäischen Flugzeugbauindustrie vgl. **Hartley** (1993), S. 316 f., **Neven, Seabright** (1995), S. 321 f. Nach ihren Schätzungen sinken die Arbeitskosten durch Lerneffekte in der Produktion bei einer Verdoppelung des Outputs im Rahmen realistischer Produktionszahlen für Verkehrsflugzeuge um circa 20 Prozent.

179 Für die Kostendegression bei den Instandhaltungskosten pro Flugzeug nach dem Prinzip der großen Flotten durch wachsendes Know-how des Instandhaltungspersonals der Luftverkehrsgesellschaften vgl. **Jansen** (1989), S. 176 f.

180 Vgl. auch **Tirole** (1988), S. 71 f.

von hohen und niedrigen Humankapitalinvestitionsaktivitäten zwischen Individuen vergleichen.

Tendenziell steigt mit dem Niveau der Humankapitalinvestitionen auch der Grad der Spezifität. Auf eine eher die Bildung allgemeinen Humankapitals ausgerichtete primäre und sekundäre Schulausbildung folgt eine eher spezifische, nach Studienfach ausdifferenzierte tertiäre Ausbildung, zum Beispiel in Form eines Hochschulstudiums (theorieorientiert an Universitäten oder praxisorientiert an Fachhochschulen) oder einer bestimmten Handwerksausbildung mit dem Ziel eines Meisterbriefs. Auch HAYEK betont in diesem Zusammenhang zur Abfolge einer grundlegenden theoretischen Ausbildung und den wichtigen danach zu erwerbenden spezifischen Kenntnissen „how much we have to learn in any occupation after we have completed our theoretical training, how big a part of our working life we spend learning particular jobs, and how valuable an asset in all walks of life is knowledge of people, of local conditions, and special circumstances."[181]

Die Formalisierung der Gleichung (5)[182] für nur eine einzige homogen angenommene Art von Humankapital verändert sich mit heterogenem individuellem Humankapital unterschiedlicher Spezifität in die Gleichung (10):

$$V_S = - \sum_{t=0}^{n-1} K_{S,t} \, (1+d)^{-t} + \sum_{t=1}^{n} E_{S,t} \, (1+d)^{-t} \tag{10}$$

mit s als dem Index der unterschiedlichen Arten spezifischen Humankapitals. Der Investor hat jetzt die Wahl zwischen verschiedenen, von der jeweiligen Spezifität abhängigen Gegenwartswerten V_S. Dabei ist der humankapitalspezifische Gegenwartswert V_S je nach der Ausgestaltung der Spezifität des Humankapitals von den jeweiligen humankapitalspezifischen Erträgen E_s und den humankapital-

[181] **Hayek** (1945), S. 522.

[182] Vgl. den *Gliederungspunkt 2.4.2.*

spezifischen Kosten K_S abhängig. Der Investor versucht, wie in der Gleichung (5) dargestellt, den spezifischen Gegenwartswert V_S zu maximieren.

Aus der einfachen Ja-Nein-Entscheidung bei nur einer gegebenen Art Humankapital wird eine realistischere optimierende Wahlentscheidung zwischen verschiedenen Arten spezifischer Humankapitalinvestitionen, falls V_S für zwei oder mehr Investitionsmöglichkeiten verschiedenen spezifischen Humankapitals positiv wird. Auch die Investoren in einer Volkswirtschaft treffen nun Entscheidungen über verschiedene Investitionspfade in Abhängigkeit von den Umweltbedingungen und den Rentabilitäten ihres individuell spezifischen Humankapitals.

3.3.2 Arten spezifischen Humankapitals

Der Begriff der Spezifität von Humankapitalinvestitionen bleibt zunächst allein auf das Kriterium der alternativen Verwendbarkeit des gebildeten Kapitals beschränkt. Es bietet sich daher an, genauer nach verschiedenen real beobachtbaren Arten von Spezifität zu differenzieren.

Dabei ist das entscheidende Differenzierungskriterium, für welche bestimmte Verwendung das jeweilige Humankapital spezifisch ist. Individuell gebildetes Humankapital kann auf sehr unterschiedliche Arten spezifisch sein, zum Beispiel arbeitsplatz-, unternehmens-, branchen-, markt-, kultur- oder systemspezifisch.[183] Diese Arten von spezifischen Humankapitalinvestitionen werden in diesem Gliederungspunkt erläutert.

Arbeitsplatzspezifität bezeichnet einen sehr hohen Grad von Spezifität, bei dem das Humankapital nur für einen einzigen fachlich hochspezialisierten Arbeits-

---

[183] Vgl. auch die Einteilung spezifischen Humankapitals bei **Nordhaug** (1993), S. 47 - 132, sowie bei **Williamson, Waechter, Harris** (1975), S. 256 - 258; **Williamson** (1975), S. 61 - 64, **Shaw** (1991), S. 398 f.

platz geeignet ist, der mit einer bestimmten Tätigkeit unmittelbar verbunden ist. Das Humankapital kann nur vorteilhaft auf diesem einen Arbeitsplatz in einem Unternehmen/einer bestimmten Betriebsstätte eingesetzt werden.

Unternehmensspezifität umfaßt zum Beispiel Kenntnisse über unternehmensinterne Produktions- und Entscheidungsabläufe sowie die organisatorischen Strukturen in einem bestimmten Unternehmen und die herrschende Unternehmenskultur. Solche Kenntnisse sind in allen anderen Unternehmen auf Grund anderer unternehmensinterner Organisationsstrukturen nicht produktiv verwendbar. Das Humankapital im Unternehmen kann also hinsichtlich des Unternehmens fach- und/oder organisationsspezifisch ausgeprägt sein.

In jedem Sektor oder jeder Branche einer Volkswirtschaft gibt es Humankapital, das nur für diese angebotsseitig abgegrenzte Branche/diesen Sektor relevant ist.[184] Hierbei kann es sich zum Beispiel um Kenntnisse über die in der Branche angewandten Produktionsverfahren, innovative sektorspezifische Produkt- oder Prozeßentwicklungen, benötigte Ressourcen dieses Sektors und ähnliches handeln.

Der Begriff der Marktspezifität grenzt anders als die Sektorspezifität nicht von der Abgrenzung nach Branchen oder Sektoren ab, sondern aus der Nachfragersicht nach der Intensität der Substitutionsbeziehungen auf dem sachlich[185] und räumlich[186] abgegrenzten Markt des mit dem spezifischen Humankapital erstellten Gutes.[187] Marktspezifisches Humankapital umfaßt unter anderem die Kenntnisse über die Marktanteile der Konkurrenten und das gesamte aktuelle und zukünftige Marktpotential, heterogene sachliche, räumliche und zeitliche Präfe-

---

184 Zu der Abgrenzung nach Branchen in hierarchischen Kategorien auf der Angebosseite vgl. **Kantzenbach, Kruse** (1989), S. 16.

185 Vgl. **Monopolkommission** (1984), S. 195 - 210, **Kantzenbach, Krüger** (1990).

186 Vgl. **Kallfass** (1997), S. 114 - 125.

187 Zu der Problematik einer geeigneten Abgrenzung nach Branchen beziehungsweise Märkten vgl. **Kantzenbach, Kruse** (1989), S. 15 - 19.

renzen der Produktnachfrager, Economies of Scale und Economies of Scope in den Kostenstrukturen, horizontale und vertikale Produktdifferenzierung, natürliche, staatliche und strategische Markteintrittsbarrieren sowie diverse andere Einflußfaktoren.[188]

In einer erweiterten Betrachtung gehören zu dem marktspezifischen Humankapital auch die Kenntnisse über potentielle Wettbewerber im marktnahen Bereich[189], die zwar bisher nicht auf dem betreffenden Markt produzieren, aber bei einer sich verändernden Marktsituation, zum Beispiel nach deutlichen Preiserhöhungen, als neuer Konkurrent in den Markt eintreten und so die marktliche Konkurrenzsituation verändern könnten.[190]

Bestimmte Arten von Humankapital sind kulturspezifisch und lassen sich daher nur innerhalb von kulturellen Grenzen in einem von den gleichen kulturellen Werten geprägten Umfeld verwenden. Typische Beispiele für kulturspezifisches Humankapital sind allgemein die Kenntnisse der regelmäßig verwendeten Geschäfts- und Handelssprache, der regionalen Sitten und Gebräuche oder auf betriebswirtschaftlicher Ebene die Umgangsformen zwischen Geschäftspartnern sowie die Arbeitsgewohnheiten und -motivation in einem bestimmten Kulturkreis.[191]

Weiter kann Humankapital auch systemspezifisch sein, indem es nur in einem bestimmten Wirtschaftssystem mit dem jeweiligen sich dort herausgebildeten Institutionengeflecht verwendbar ist.[192] Solches systemspezifische Humankapital

---

188 Zu der industrieökonomischen Marktprozeßanalyse mit ihren diversen Determinanten vgl. umfassend bei **Scherer, Ross** (1990), **Martin** (1994), **Shepherd** (1990), **Carlton, Perloff** (1994).

189 Vgl. **Monopolkommission** (1984), S. 196 f., Tz. 612.

190 Vgl. **Kantzenbach, Kruse** (1989), S. 16 f.

191 Vgl. **Becker** (1993a), S. 52 f.; zu der starken Heterogenität in den individuellen und kollektiven Verhaltensmustern Angehöriger unterschiedlicher Kulturen und Kulturkreise vgl. **Robbins** (1991), S. 61 - 74.

192 Vgl. **Wegehenkel** (1996).

würde bei einem Wechsel des Wirtschaftssystems entwertet werden.[193] Hierzu gehören spezifische Kenntnisse über funktionale Systemelemente wie die rechtlich-institutionelle Ausgestaltung zur Ordnung der wirtschaftlichen Entscheidungsbefugnisse (insbesondere die Zuordnung von Property Rights[194]) sowie der vorherrschenden Anreiz- und Sanktionsmechanismen des Wirtschaftssystems.[195]

Neben diesen Grundformen sind weitere Zwischenformen von unterschiedlichen Arten spezifischen Humankapitals zu nennen. Bei der Teamspezifität[196] hat jeder Arbeitnehmer eine bestimmte Position in einem Arbeits- oder Projektteam in einem Unternehmen inne. Ein Team erbringt nur gemeinsam in genau dieser Zusammensetzung seine guten hochproduktiven Leistungen, so daß nicht einfach möglich ist, Positionen und Arbeitsplätze innerhalb des Teams zu verschieben oder einzelne Mitglieder zu ersetzen, ohne daß es zu Qualitätseinbußen kommt. Eine weitere Form spezifischen Humankapitals ist im gegenseitigen Verhältnis aufgebautes Vertrauenskapital[197] zwischen Arbeitgebern und Arbeitnehmern oder zwischen den Hierarchieebenen in einem Unternehmen, das im Verlauf der Beschäftigung aufgebaut wurde.[198]

---

193 Zu den Auswirkungen eines Wirtschaftssystemwechsels in einer Volkswirtschaft bei der Transfomation von einer Zentralverwaltungswirtschaft zu einer Marktwirtschaft im allgemeinen vgl. **Wagener** (Hrsg.) (1993), **Marktanner** (1997); zu den Wirkungen solcher Transformationsprozesse auf das Humankapital im speziellen vgl. **Bird, Schwarze, Wagner** (1992), **Schrettl** (1993), S. 207 - 209, **Hoose** (1995), S. 108 - 110, **Steiner, Puhani** (1996); zur Transformationskrise in Ostdeutschland nach der Vereinigung vgl. **Härtel et al.** (1995), insbesondere S. 76 - 88, **Kallfass** (1996).

194 Vgl. **Alchian** (1965), **Demsetz** (1966), **Furubotn, Pejovich** (1972), **Alchian, Demsetz** (1973).

195 Vgl. **Kruse, Berger** unter Mitarbeit von **Bonde, Frank** (1996), S. 585 - 588.

196 Zu den spezifischen Bedingungen bei der Produktion in Teams vgl. **Alchian, Demsetz** (1972).

197 Vgl. **Bonus, Weiland** (1995), S. 41.

198 Zum Vertrauensbegriff in der ökonomischen Theorie vgl. **Albach** (1980), S. 5 f., **Heisig, Littek** (1995); vgl. auch **Whitney** (1996), **Stigler** (1987), S. 274 f.; zum Vertrauensbegriff und zur Bedeutung von Vertrauen zwischen Individuen aus soziologischer Sichtweise vgl. **Luhmann** (1989).

Die verschiedensten Formen heterogenen spezifischen Humankapitals führen dazu, daß ein Individuum unter einer Vielzahl von Entscheidungsalternativen nicht nur bezüglich des angestrebten Niveaus über einen bestimmten Zeithorizont, sondern auch über die Art des zu bildenden spezifischen Kapitals zu wählen hat. Die individuellen Investitionsentscheidungsprozesse heterogenisieren sich und die Erwartungen zu den Erträgen und den Kosten werden mit ansteigender Komplexität in ihrem Eintreten zunehmend ungewisser.

3.4 Ungewißheit im individuellen Entscheidungskalkül

Alle ökonomischen Entscheidungen, auch individuelle Investitionen in Humankapital, erfolgen in der Realität unter Ungewißheit ohne vollständige Information über die relevanten (Investitions-)Alternativen.[199] Bisher wurde nicht problematisiert, daß die Rentabilität sämtlicher Investitionsvorhaben sich nicht aus vollkommen sicheren Stromgrößen errechnen läßt. In realen Volkswirtschaften erfolgt die Investition immer unter Ungewißheit und sie ist mit Informationskosten zur Reduktion von Ungewißheit verbunden.[200] Dies gilt in besonderem Maße für spezifische Investitionen in Humankapital.

Aus konstanten, fest erwarteten Kosten und Erträgen werden jetzt in der Betrachtung je nach den eintretenden Ereignissen unterschiedlich hohe Kosten und Erträge erwartet. In Übereinstimmung mit der üblichen Unterteilung in Economics of Uncertainty und Economics of Information[201] wird zunächst ein gegebener Informationsstand bei Entscheidungen unter Ungewißheit angenom-

---

199 Vgl. **Becker** unter Mitarbeit von **Grossman, Michael** (1971), S. 57 - 60, **Fischer, Dornbusch, Schmalensee** (1988), S. 340 - 354.

200 Vgl. **Levhari, Weiss** (1974), **Weiss** (1986), S. 632 - 634; vgl. auch zu betrieblichen Investitionsrechnungen unter Ungewißheit **Blohm, Lüder** (1995), S. 247 - 286, **Brealey, Myers** (1996), S. 141 - 231, **Perridon, Steiner** (1997), S. 97 - 133.

201 Zu Entscheidungen unter Ungewißheit vgl. **Hirshleifer, Riley** (1992), S. 7 - 164, zu Entscheidungen bei variablem Informationsstand vgl. **Hirshleifer, Riley** (1992), S. 165 - 457; vgl. auch **Hirshleifer, Riley** (1979), **Hamlin** (1986), S. 42 - 52, **Schulenburg** (1993).

men. Dann wird ein variabler Informationsstand zugelassen, das Individuum kann seine Ungewißheit bei der Entscheidung über eine Investition durch die Beschaffung und Verarbeitung entscheidungsrelevanter Informationen verringern. In die bisherigen Humankapitalkalküle werden im folgenden Abschnitt die Bedingungen von Entscheidungen unter Ungewißheit und Informationsaktivitäten zur Reduktion von Ungewißheit integriert. Sind die Einflußgrößen eines individuellen Entscheidungskalküls in ihrem Eintreten nicht vollkommen sicher, stellt sich das Problem, wie solche Ungewißheitsfaktoren in den Investitionsentscheidungen des Einzelnen zu berücksichtigen sind.

Es bietet sich an, die bisherigen Formalisierungen zu ergänzen, indem die sicheren Kosten K_C und Erträge E_C um ungewisse Anteile bei den Kosten K_U und bei den Erträgen E_U ergänzt werden. Der daraus resultierende Gegenwartswert V_U unter Berücksichtigung von Ungewißheit ergibt sich in der Gleichung (11) als:

$$V_U = - \sum_{t=0}^{n-1} (K_{C,t} + K_{U,t}) \; (1+d)^{-t} + \sum_{t=1}^{n} (E_{C,t} + E_{U,t}) \; (1+d)^{-t} \quad (11)$$

Sieht man zunächst von allgemeiner exogener Ungewißheit, die bei allen ökonomischen Entscheidungen zu berücksichtigen ist, ab, lassen sich innerhalb des Kalküls die folgenden Eingrenzungen zur Höhe der Ungewißheit bei einer Humankapitalinvestition vornehmen:

Es sei angenommen, daß die Basiserträge ohne Investition als sicher anzusehen sind. Die sicheren, nach der Humankapitalinvestition fließenden Erträge liegen für diesen Fall mindestens in Höhe der Erträge der Periode 0 ohne Humankapitalbildung E_0, wenn diese Erträge sicher sind. Denn würden die Investitionen völlig fehlschlagen, bliebe dem Individuum noch die Möglichkeit, eine Tätigkeit, die mit E_0 entlohnt wird, anzunehmen. Da $E_0 = E_B = K_{ind.}$ ist, das heißt, da die Basiserträge der ersten Periode genau den indirekten Kosten entsprechen, liegen unter diesen Annahmen die sicheren Kosten K_C mindestens in Höhe der Opportunitätserträge während der Investitionsphase. Allerdings wäre dann die Investition unvorteilhaft, da den entstehenden Kosten keine marginalen Humankapitalerträge gegenüberstünden.

Es erscheint plausibel anzunehmen, daß die erwarteten Erträge in einer gewissen Bandbreite variieren können. In der Abbildung 10 liegt die Obergrenze des höchsten potentiell zu erwartenden Ertrages bei $E_{U, pot.}$, die Untergrenze bei $E_{U, min.}$.

Abbildung 10:
Wirkungen von Ungewißheit

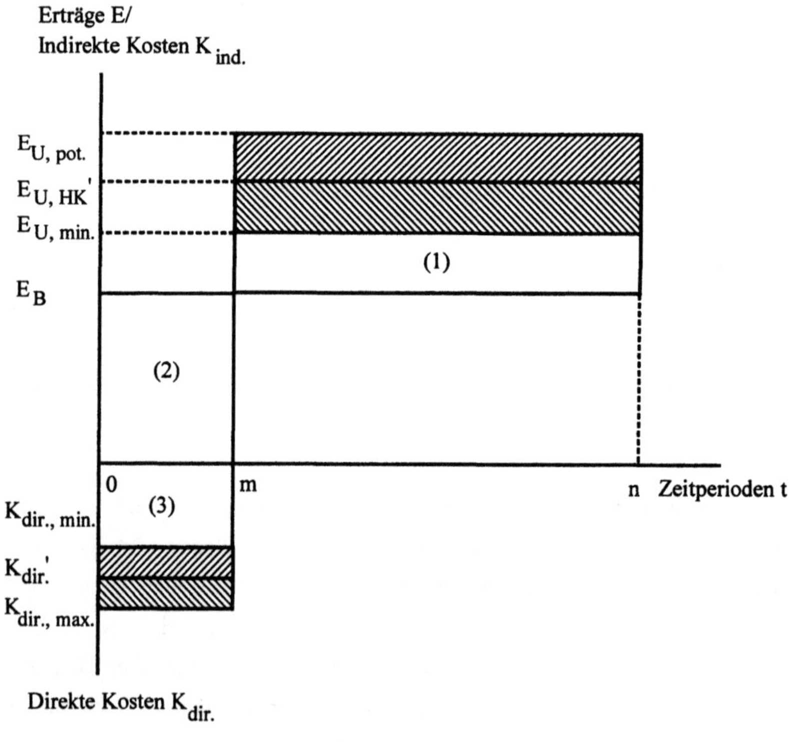

Quelle: eigene Abbildung.

Analog liegen die ungewissen direkten Kosten zwischen einem Maximum $K_{dir., max.}$ und einem Minimum $K_{dir., min.}$. Beispielhaft sind in die Abbildung 10 tatsächlich eintretende direkte Kosten der Investition in Höhe von $K_{dir.}$' und tatsächliche Humankapitalerträge E_U' eingezeichnet.

THUROW schlägt vor, die Streuung der erwarteten Periodenkosten und -erträge in das Entscheidungskalkül einzubeziehen, indem man die in ihrem Eintreten möglichen ungewissen Kosten K_U und Erträge E_U mit Eintrittswahrscheinlichkeiten p gewichtet.[202] Der Gegenwartswert V_U verändert sich unter Berücksichtigung von Kosten- und Ertragsstreuungen bei einer ungewissen Humankapitalinvestition in der Gleichung (12) zu:

$$V_U = - \sum_{t=0}^{n-1} \left(\sum_{g=1}^{k} p_{K,g} \; K_{U,g} \right)_t (1+d)^{-t} + \sum_{t=1}^{n} \left(\sum_{q=1}^{e} p_{E,q} \; E_{U,q} \right)_t (1+d)^{-t}, \qquad (12)$$

$$\text{mit} \quad \sum_{g=1}^{k} p_{K,g} = 1 \quad \text{und} \quad \sum_{q=1}^{e} p_{E,q} = 1$$

für die Eintrittswahrscheinlichkeiten $p_{K,g}$ der Kosten bei einer Gesamtanzahl der möglichen Eintrittsalternativen der Kosten von f = 1, ..., k und die Eintrittswahrscheinlichkeiten $p_{E,q}$ der Erträge bei einer Anzahl der möglichen Eintrittsalternativen der Erträge g = 1, ..., e.

Da die Kosten in der Gegenwartsperiode und in den zeitlich nahen Zukunftsperioden liegen, läßt sich annehmen, daß die Streuung der Kostenhöhe $K_{U,g}$ weit niedriger liegen wird als die der Streuung der Humankapitalerträge $E_{U,q}$ in der

---

202 Vgl. **Thurow** (1970), S. 22 - 27.

weiteren Zukunft.[203] Je weiter die Ertragsperioden in der Zukunft liegen (also bei $t \rightarrow n$), desto weniger sicher sind tendenziell die mit ihrem Eintreten verbundenen Umstände.[204] Gerade bei den langfristigen Investitionskalkülen, wie sie im vorangegangenen Abschnitt 3.1 dieses Kapitels dargestellt wurden, wird wegen der Ungewißheit über weit in der Zukunft liegende Ereignisse die Ertragsstreuung in der Tendenz ansteigen. In den Kapiteln 3 bis 5 wird auf gesamtwirtschaftliche exogene Einflußgrößen wie zukünftige Arbeitsmarktentwicklungen, Wachstum, Strukturwandel und Aktivitäten des Staatssektors, die für den Investor in ihrem Eintreten und Ertragseinfluß ungewiß sind und langfristige Wirkungen haben, eingegangen.

Der Grad der individuellen Bereitschaft, unter Ungewißheit zu investieren, beeinflußt das Verhalten des Investors.[205] Die Entscheidung pro oder contra hängt bei langfristigen, ungewissen Humankapitalinvestitionen davon ab, ob der Investor bereit ist, solche Ungewißheit über die Höhe der tatsächlichen zukünftigen Erträge zu tragen, oder ob er in einer Entscheidungssituation unter Ungewißheit solche langfristigen Investitionen mit in der Höhe ungewissen, weit streuenden erwarteten Rückflüssen ablehnt und vergleichsweise niedrigere, aber mit größerer Sicherheit eintretende Renditen präferiert.

Ist ein Individuum nicht bereit, diese Ungewißheit über das Eintreten der entscheidungsrelevanten Zustände ohne eine Prämie zu akzeptieren und zieht es sichere Erträge vor, wird es die zukünftig erwarteten Kosten und Erträge in seinem Kosten-Ertrags-Entscheidungskalkül mit einem zusätzlichen Ungewißheitsfaktor u abdiskontieren, der seine Aversität gegenüber Ungewißheit reflek-

---

203 Daß die Basiserträge zum Investitionszeitpunkt ungewiß sind, wird hier nicht näher untersucht. Auf dem Arbeitsmarkt für unqualifiziertes Humankapital herrscht ein Ertragsniveau, daß regelmäßig allen potentiellen Investoren bekannt sein dürfte. Daher bleiben auch die indirekten Kosten der Humankapitalbildung in diesem Gliederungspunkt unberücksichtigt.

204 Vgl. **Becker** (1993/1964), S. 91 f.

205 Vgl. **Friedman** (1953), S. 278.

tiert.[206] Der bisher verwendete individuelle Abdiskontierungsfaktor d wird in diesem Fall um die Ungewißheitsabdiskontierungsfaktoren u_K für die ungewissen erwarteten Kosten und u_E für die ungewissen erwarteten Erträge erweitert. Das Entscheidungskalkül unter Ungewißheit der Formel (12) verändert sich zu:

$$V_U = - \sum_{t=0}^{n-1} \left(\sum_{g=1}^{k} p_{K,g} \; K_{U,g} \right)_t (1 + d + u_K)^{-t}$$

$$+ \sum_{t=1}^{n} \left(\sum_{q=1}^{e} p_{E,q} \; E_{U,q} \right)_t (1 + d + u_E)^{-t} \qquad (13)$$

mit $u_K > 0$ und $u_E > 0$.

Bei einer hohen Ungewißheitsaversität wird der Investor die Diskontierung der erwarteten Kosten und Erträge um hohe Ungewißheitsraten $u >> 0$ ergänzen. Ist der Investor gegenüber extremen erwarteten Ertragsstreuungen ungewißheitsaversiv und nimmt er an, daß die zukünftige Ertragsstreuung deutlich größer ist als die Kostenstreuung, wird er die erwarteten Erträge mit einer im Vergleich höheren Ungewißheitsrate abdiskontieren als die erwarteten Kosten, es ist dann regelmäßig $u_E > u_K$.

Besteht hohe Ungewißheit bezüglich des Eintritts der Erträge in der Zukunft oder wird allgemein in der Zukunft mit einer ansteigenden Ungewißheit gerechnet, geht in der Folge die Humankapitalbildung der Investoren tendenziell zurück. Je höher der Ungewißheitsabschlag für die ungewissen Erträge u_E ist, der während der Erwerbsphase in das individuelle Entscheidungskalkül eingeht, desto weniger wird ceteris paribus in Humankapital investiert, da der unter Ungewißheit erwartete Gegenwartswert V_U sinkt. Allerdings läßt sich die Ungewißheit über die

---

206 Vgl. **Hirshleifer, Riley** (1992), S. 23 - 29, **Schulenburg** (1993), S. 534 - 537; vgl. auch das Beispiel zu einer Wahlentscheidung unter Ungewißheit über alternative Karrierepfade bei **Frank** (1994), S. 225 - 227.

erwarteten Renditen von Humankapitalinvestitionen reduzieren, wenn der Investor sich durch individuelle Informationsaktivitäten relevante Informationen über zu erwartende Ertragsentwicklungen und tendenzielle Entwicklungen auf den Arbeitsmärkten für Humankapital verschafft.[207]

Die Ungewißheit über das Eintreten der Kosten und Erträge aus einer Humankapitalinvestition im Zeitablauf läßt sich verringern, indem man Informationen über das zu bildende allgemeine beziehungsweise spezifische Humankapital und seine zu erwartende Rentabilität in der zukünftig erwarteten Verwendung sammelt. Allerdings ist „the worker's choice of industry, location and job"[208] als Informationssuche zeitintensiv und verursacht zusätzliche Investitionskosten.[209]

Ist der Informationsstand über das Investitionsvorhaben nicht gegeben, kann er aber über Informationsaktivitäten des potentiellen Investors gesteigert werden, so

- verringert sich einerseits die Ungewißheit über die Investition, das heißt, die Kosten- und Ertragsströme des Kalküls werden besser eingrenzbar,
- aber andererseits sind die Informationsaktivitäten mit Kosten der Informationsbeschaffung und -verarbeitung verbunden.

Der Ertrag der Informationsbeschaffung ist ceteris paribus die geringere Ungewißheit der erwarteten Kosten- und Ertragsströme. Als Folge kann die Ungewißheitsprämie u sinken. Die geringere Abzinsung für Ungewißheit führt dann zu einem höheren Gegenwartswert der Erlöse der Investition. Die Informationsaktivität kann auch dazu führen, daß alternativ neue, rentablere Investitionsvorhaben für anderes spezifisches Humankapital gefunden werden.

---

207 Zu den gesamtwirtschaftlichen Arbeitsmarktangebots- und -nachfrageeinflüssen auf die individuelle Humankapitalrentabilität vgl. den *Abschnitt 4.1*.

208 **Stigler** (1961), S. 224.

209 Vgl. **Stigler** (1961), **Becker** unter Mitarbeit von **Grossman, Michael** (1971), S. 65 f., **Stigler** (1987), S. 236 - 246, sowie die Anwendung des Suchkostenansatzes auf Arbeitsmarktsuchprozesse bei **Stigler** (1962), **McKenna** (1985).

Durch die Informationsaktivitäten bei der Humankapitalbildung entstehen demnach zusätzliche Kosten, denen aber auch zusätzliche Erträge aus der Arbeisplatzsuche aus den Informationsbeschaffungsaktivitäten gegenüberstehen.[210] Beispielsweise sucht ein Anbieter von Humankapital solange nach einem für seine spezifische Qualifikation geeigneten Arbeitsplatz, bis ihm ein angemessenes Ertragsniveau auf dem Arbeitsmarkt angeboten wird.

Zwischen den marginalen Kosten der Informationsbeschaffung und Erträgen aus der Verbesserung der Informationssituation muß der Einzelne wiederum optimierend abwägen. Die Wirkungsrichtung der Informationsaktivitäten ist wie folgt: mit den Informationsaktivitäten steigen gleichzeitig die damit verbundenen marginalen Kosten, aber auch die marginalen Erträge in der Zukunft. Die Informationsbeschaffung wird solange ausgedehnt, bis die dadurch bedingten Zusatzkosten nicht mehr durch marginale Ertragssteigerungen gedeckt werden.

3.5 Migration

3.5.1 Zur räumlichen Mobilität des individuellen Humankapitals

Die Bildung und die sich anschließende Nutzung von Humankapital vollzieht sich nicht in einem einzigen Punkt im Raum, sondern das Humankapital ist an verschiedenen Punkten lokalisiert. Die Arbeitsplätze werden von Unternehmen an verschiedenen räumlichen Standorten einer Volkswirtschaft nachgefragt.

Das Kosten-Ertrags-Kalkül wird daher in diesem Abschnitt um eine räumliche Entscheidungskomponente erweitert. Es geht um die Fragestellung, wie ein Individuum sein Humankapital bei einer Lokalisierungsentscheidung im Raum in einem ökonomischen Kalkül am rentabelsten einsetzen kann.

---

[210] Vgl. auch zur Job Search-Theorie **McCall** (1970), **Lippman, McCall** (1976a), **Lippman, McCall** (1976b), **Pissarides** (1985).

McConnell und Brue unterscheiden allgemein die beiden Mobilitätsformen berufliche Mobilität und geographische Mobilität.[211] Berufliche Mobilität ist hier zu verstehen als eine dauerhafte Veränderung des Angebots an spezifischem Humankapital im Beschäftigungsverlauf aufgrund geänderter Umweltbedingungen,[212] während geographische oder räumliche Mobilität eine Veränderung des Humankapitalangebots im geographischen Raum bedeutet und bisher nicht berücksichtigt wurde. Die räumliche Mobilität kann isoliert oder in der Kombination mit beruflicher Mobilität auftreten.

Diese geographische Mobilität ist definiert als der zeitlich dauerhafte, also nicht nur vorübergehende Wechsel des gewöhnlichen Wohn- und Arbeitsortes eines Individuums; sie wird hier als individuelle Migration bezeichnet und im folgenden Abschnitt aus der humankapitaltheoretischen Perspektive modelliert.

Eine abgeschwächte Form der räumlichen Mobilität ist das Pendelverhalten von Arbeitnehmern. In diesem Fall liegen der Wohnort und der Arbeitsort in einem regionalen Arbeitsmarkt an verschiedenen Orten und die Distanz muß regelmäßig durch kostenverursachenden Transport überwunden werden. Die nachfolgende Argumentation gilt cum grano salis auch für solches Pendelverhalten, da auch hier durch das arbeitstägliche Pendeln im Raum zwischen der Wohnung und dem Arbeitsplatz Kosten, insbesondere Transportkosten sowie der mit dem Transport verbundene Zeitverlust, generiert werden, denen die zusätzlichen Erträge an dem räumlich entfernten Beschäftigungsort entgegenstehen. Hier wird dauerhafte räumliche Mobilität untersucht, die über diesen Tagespendelbereich hinausgeht.[213]

---

[211] Vgl. **McConnell, Brue** (1992), S. 439 f.; zu empirischen Ergebnissen zur beruflichen und räumlichen Mobilität von Individuen in Längsschnittanalysen für die Bundesrepublik Deutschland vgl. auch **Akademie für Raumordnung und Landesplanung** (Hrsg.) (1992).

[212] Zur beruflichen Mobilität vgl. **Schaeffer** (1985); vgl. auch das theoretische Modell zum Einfluß beruflicher Mobilität auf die Entwicklung des individuellen Karrierepfads von **Sicherman, Galor** (1990).

[213] Zur regionalen Mobilität innerhalb des Tagespendelbereichs vgl. **Cramer** (1993).

Ein Individuum steht vor der ökonomischen Entscheidungsalternative, sein von ihm gebildetes Humankapital entweder am bisherigen geographischen Einsatzort anzubieten oder eine Migration vorzunehmen, um sein Humankapital an einem anderen geographischen Wohn- und Arbeitsort zu einem höheren erwarteten Gegenwartswert in einem Unternehmen an einem räumlich entfernten Standort einzusetzen.[214]

Bisher wurde davon ausgegangen, daß Humankapitalinvestitionen ohne Berücksichtigung räumlicher Aspekte vorgenommen werden können und die Erträge auf einem Punkt, auf dem die Humankapitalbildung wie die -nutzung erfolgt, ohne die Berücksichtigung der räumlicher Ausdehnung und der Verteilung der Wirtschaftsstruktur einer Volkswirtschaft realisiert werden können.

Bei räumlicher Ausdehnung des Arbeitsmarktes ist es aber möglich, daß neben den zukünftigen Erträgen an dem aktuellen Wohnort auch alternative Einkommensströme an anderen geographischen Orten zu erzielen sind.[215] Dann gehen in das Investitionskalkül des Investors auch die geographischen Migrationskosten und -erträge ein. Die individuellen Entscheidungskalküle bezüglich der Vorteilhaftigkeit individueller Migrationsentscheidungen werden im folgenden näher analysiert.

---

[214] Zu ökonomischen Analysen der Migration vgl. die theoretisch-analytischen Abhandlungen bei **Straubhaar** (1988), **Stark** (1991), **Zimmermann** (Hrsg.) (1992), **Straubhaar** (1995); zur Immigration in die Bundesrepublik Deutschland vgl. **Steinmann, Ulrich** (1994) (Hrsg.), **Haisken DeNew** (1996), **Velling** (1995); zu den aktuellen Migrationstendenzen in Europa vgl. **Poulain** (1993), **Chies** (1994), **Werner** (1996); für internationale Migrationsströme vgl. **Stalker** (1994); für einen historischen Überblick über die internationalen Migrationsmuster vgl. **King** (1996), sowie insbesondere für das 19. und 20. Jahrhundert **Körner** (1990).

[215] Vgl. **Mincer** (1994), S. 123 f.

3.5.2 Migrationsentscheidungen

Hat ein Individuum Humankapital gebildet, so hat es die Wahlmöglichkeit, dieses Kapital entweder am bisherigen geographischen (Ausbildungs-)Ort anzubieten, oder den Einsatzort für das Humankapital dauerhaft zu wechseln und in eine andere Region zu wandern, um es dort einzusetzen. Die Wahl zwischen der Ursprungsregion und mindestens einer potentiellen Zielregion läßt sich als fundiertes ökonomisches Entscheidungsmodell entwickeln.[216]

Ausgangspunkt für die individuelle Wahlentscheidung ist in Analogie zu den vorangegangenen Kosten-Ertrags-Untersuchungen der Gegenwartswert der Migration V_M. Dieser Nettogegenwartswert ergibt sich aus dem Vergleich der Kosten K_M , die von der geplanten Migration verursacht werden, mit den entsprechenden Zusatzerträgen in der Zielregion aus der Migration E_M.[217]

Den Kosten-Ertrags-Zusammenhang in einem humankapitaltheoretisch fundierten Entscheidungskalkül zur räumlichen Lokalisationsentscheidung des Einsatzes von Humankapital, das ergänzend und typischerweise zeitlich nach dem Investitionskalkül über das Niveau und die Spezifität von Humankapital vorgenommen wird, zeigt die folgende Gleichung (14):[218]

$$V_M = - \sum_{t=0}^{n-1} K_{M,t} \, (1+d)^{-t} + \sum_{t=1}^{n} E_{M,t} \, (1+d)^{-t}. \qquad (14)$$

Die Kosten der Migration K_M umfassen zunächst die monetären Kosten, die mit einem Wohnungswechsel verbunden sind, wie Umzugskosten, Suchkosten, zum

---

216 Vgl. grundlegend den humankapitaltheoretischen Kosten-Ertrags-Ansatz der Migration von **Sjaastad** (1962); vgl. auch die ähnlichen modellierten Ansätze von **Straubhaar** (1988), S. 70 - 75, **Chies** (1994), S. 28 - 49.

217 Zu den Bestimmungsgründen der Migration vgl. **Lucas** (1981), S. 85 - 88, **Shaw** (1991), **Franz** (1994), S. 128 - 130.

218 Vgl. auch ähnlich bei **Elliott** (1991), S. 136 - 142, **Ehrenberg, Smith** (1994), S. 327 f.

Beispiel in Form von Maklerkosten und ähnlichem. Dazu gehören aber auch psychische Kosten wie die Trennung von dem bisherigen sozialen Umfeld, eventuell von der Familie und dem angestammten Freundes- und Bekanntenkreis.[219]

Haben die Individuen vorwiegend allgemeines Humankapital gebildet, wandern sie in Richtung des Standortes mit den höchsten Erträgen. Es ergibt sich ein monodirektionales räumliches Wanderungsmuster in Richtung der ertragsstarken Standorte in einer Volkswirtschaft oder zwischen Volkswirtschaften. Es läßt sich durchaus plausibel annehmen, daß die Ausbildungsorte und Einsatzorte für Humankapital auseinanderfallen.[220] Beispielsweise könnten Unternehmen in einer Volkswirtschaft bestimmte Regionen mit einer gut ausgebauten Bildungsinfrastruktur meiden, da sie sich dort Standortnachteilen, wie beispielsweise einer vergleichsweise hohen Unternehmensbesteuerung, ausgesetzt sehen.

TODARO erklärt mit solchen regionalen Ertragsdifferenzen die Land-Stadt-Wanderungsströme aus peripheren Regionen mit einer ländlich-agrarwirtschaftlichen Wirtschaftsstruktur in die urbanen zentralen Verdichtungsräume in zahlreichen afrikanischen, asiatischen und lateinamerikanischen Entwicklungsländern.[221] In diesen Agglomerationen besteht ein ausgeprägter industrieller Sektor mit entsprechenden Beschäftigungsmöglichkeiten für Industriearbeiter und der potentiellen Möglichkeit, im industriellen Sektor Humankapitalinvestitionen durchführen zu können.

---

219 Vgl. **Lucas** (1981), S. 86 f., **McConnell, Brue** (1992), S. 442.

220 TODARO weist in diesem Zusammenhang auf die Problematik des Brain Drain bei internationaler Migration zwischen Entwicklungsländern und Industrieländern hin. Die gutausgebildete Elite von Ingenieuren, Ärzten, Technikern und Wissenschaftlern in wenig entwickelten Ländern setzt danach das in ihrem Heimatland gebildete hochqualifizierte spezifische Humankapital nicht dort ein, sondern wandert in höherentwickelte Länder mit besseren Ertragserwartungen für ihr Kapital ab, vgl. **Todaro** (1994), S. 382 - 385.

221 Vgl. die Modellierung des Land-Stadt-Wanderungsverhaltens bei **Todaro** (1969), **Harris, Todaro** (1970), **Todaro** (1980), **Todaro** (1994), S. 264 - 269; vgl. auch die Modellerweiterung bei **Amano** (1983), S. 247 - 280.

Solche Migrationsmuster verlaufen monodirektional, das heißt, die Migrationsströme fließen im Raum in eine Richtung. In den obengenannten Beispielen fließt der Strom von den ländlichen Gebieten in die Großstädte. Weiter ist eine monodirektionale Wanderung in einer Volkswirtschaft nach der Investitionsphase von den Ausbildungsorten zu den Unternehmensstandorten denkbar. Solche einfachen monodirektionalen Migrationsmuster lassen sich erweitern, indem man die Überlegungen der vorangegangenen Abschnitte dieses Kapitels wie Ungewißheit über den Eintritt der Humankapitalerträge und vor allem über die unterschiedlichen Ausprägungen der Spezifität des gebildeten Humankapitals bei den Migrationsentscheidungen berücksichtigt. So wird der mit spezifischem Humankapital ausgestattete individuelle Investor dann wandern, wenn er in seiner Ursprungsregion nicht unmittelbar, wie von ihm ex ante geplant und erwartet, einen seiner spezifischen Qualifikation entsprechenden Arbeitsplatz findet und ihm Ertragsausfälle aus (Such-)Arbeitslosigkeit oder eine Bezahlung für nicht qualifiziertes Humankapital droht.[222]

Sind die Ertragsdifferenzen zwischen Ursprungs- und Zielregion hinreichend groß, wird eine Wanderung unter Umständen selbst dann attraktiv, wenn die Ertragserwartungen auch in der Zielregion ungewiß sind. Das Individuum wird auch bei einer starken Streuung der möglichen erwarteten Zusatzerträge in der Zielregion und bei hoher Ungewißheitsaversität migrieren, wenn die erwarteten Zusatzerträge hinreichend hoch sind, um die Ungewißheit in der Zielregion zu kompensieren und sich ein positiver Gegenwartswert V_M ergibt. Die Gleichung (14) zum Migrationsentscheidungskalkül verändert sich unter Berücksichtigung von Eintrittswahrscheinlichkeiten $p_{M,q}$ der ungewissen Migrationserträge $E_{M,q}$ in der Zielregion der Migration bei weiterhin sicher angenommenen Migrationskosten in der erweiterten Gleichung (15) zu:[223]

---

[222] Vgl. **Todaro** (1976), **McConnell, Brue** (1992), S. 445 f.

[223] Vgl. die *Gleichung (11)* und die *Gleichung (13)* in *Abschnitt 3.4.*

$$V_M = - \sum_{t=0}^{n-1} K_{M,t} (1 + d)^{-t} + \sum_{t=1}^{n} (\sum_{q=1}^{e} p_{M,q} E_{M,q})_t (1 + d + u_M)^{-t}. \quad (15)$$

Liegt dem individuellen Kalkül die Gleichung (15) mit einem Ungewißheitsabschlag u_M zugrunde, wird das Individuum zwar auch bei ungewissen zu erwartenden Erträgen, die aber hinreichend hoch sein müssen, um die Ertragsungewißheit zu kompensieren, seine Ursprungsregion verlassen und in die Zielregion wandern; die Migrationsbereitschaft sinkt aber tendenziell, wenn der Investor über die Beschäftigungssituation in der Migrationsregion wenig informiert ist.

Auch das monodirektionale Wanderungsmuster, das sich aus der Gleichung (14) bei allgemeinem Humankapital ergibt, läßt sich dahingehend modifizieren, daß man spezifisches Humankapital für verschiedene Individuen bei Kosten-Ertrags-Untersuchungen zum Migrationsverhalten berücksichtigt. Investieren die Individuen in dem betrachteten geographischen Raum realistischerweise in unterschiedliches spezifisches Humankapital, so ist es plausibel, daß das heterogene spezifische Humankapital an diversen geographischen Orten dispers benötigt wird. Wandern die Individuen dann jeweils in diejenigen Regionen, in denen ihr spezifisches Humankapital die höchsten Erträge erbringt, so ergibt sich ein multidirektionales Wanderungsmuster mit unter Umständen gegenläufigen Migrationsströmen, bedingt durch heterogen spezifisches Humankapital der Migranten.[224]

Die individuelle Migrationsentscheidung ist in einem Humankapitalkalkül eine ergänzende Komponente des gesamten Humankapitalnutzungsprozesses. Die geographische Determinante berücksichtigt, daß der Einsatz von gebildetem Humankapital nicht auf einem Punktarbeitsmarkt erfolgt, sondern die Nachfrage nach Humankapital auf Arbeitsmärkten im geographischen Raum verteilt ist. Da sich die Betriebsstandorte der Unternehmen unter Umständen im Zeitablauf

---

224 Vgl. auch **Delbrück, Raffelhüschen** (1993), S. 345.

verändern und da Unternehmen sich an neuen Standorten niederlassen, resultieren aus solchen Standortverlagerungen der Unternehmen in der Folge Migrationsentscheidungen der Individuen, die die Verwendung ihres allgemeinen und spezifischen Humankapitals unter geänderten Bedingungen optimieren wollen.

Im Ergebnis lassen sich mit dem in diesem Kapitel entwickelten Modellinstrumentarium ständige multidirektionale Bewegungen von Individuen im Raum auf regionaler, nationaler und internationaler Ebene erklären, insbesondere Migrationsmuster von Individuen, die in hochspezifisches Humankapital investiert haben und es in einer dynamischen Umwelt unter Ungewißheit optimal nutzen wollen.

In diesem Abschnitt wird bereits deutlich, daß nicht nur das rein individuelle Investitionsentscheidungsverhalten bei der Humankapitalbildung in der Investitionsphase und die Humankapitalnutzung in der Erwerbsphase eines Individuums für die Bestimmung der Nettorentabilität einer Humankapitalinvestition relevant sind, sondern daß auch das Verhalten anderer Wirtschaftssubjekte und ökonomische Entwicklungstendenzen der Volkswirtschaft im Raum erheblichen Einfluß ausüben. Der einzelne Investor steht mit den anderen Wirtschaftssubjekten in vielfältigen Beziehungen, die mit ihren Entscheidungen auf die Rentabilität seiner Entscheidungskalküle über die Humankapitalbildung in positiver wie negativer Richtung exogen einwirken können. Diese supraindividuellen Einflußgrößen auf die Investitionsrentabilität von individuell gebildetem Humankapital behandeln die beiden folgenden Kapitel 4 und 5 im einzelnen.

4 Marktliche und gesamtwirtschaftliche Einflüsse auf das individuelle Humankapitalkalkül

In diesem Kapitel wird über den in den vorangegangenen beiden Kapiteln verwendeten individuellen Betrachtungsschwerpunkt bei der Humankapitalbildung hinaus analysiert, wie exogene, gesamtwirtschaftliche Einflußgrößen auf dieses individuelle Investitionskalkül einwirken und wie sie dieses zum Teil erheblich verändern können. Insofern wird die Analyseperspektive in diesem und dem darauffolgenden Kapitel 5 die rein individuelle Sichtweise um eine supraindividuelle, gesamtwirtschaftlich orientierte Betrachtung der Humankapitalbildung ergänzt.

In die individuelle Sichtweise werden die gesamtwirtschaftlichen und die aus kollektiv getroffenen politischen Entscheidungen resultierenden Einflüsse auf das Individualkalkül problematisiert. Insofern ist das engere und weitere Umfeld der individuellen Entscheidungen nicht mehr fix, sondern es wird zu einer variablen Größe, die es zu berücksichtigen gilt.

Zunächst werden supraindividuelle Aspekte der Angebots- wie der Nachfrageseite des Arbeitsmarktes, auf dem der Investor sein gebildetes Humankapital den Unternehmen anbietet, behandelt. Damit wird ein wichtiger Aspekt aufgegriffen, denn auf der Angebotsseite haben die Investitionsentscheidungen der anderen Anbieter von Humankapital einen erheblichen rentabilitätswirksamen Einfluß. Auf der Nachfrageseite der Arbeitsmärkte bestimmen die Entscheidungen der Unternehmen über die Nachfrage nach allgemeinem und insbesondere spezifischem Humankapital die Höhe der Investitionsrentabilität entscheidend mit (siehe Abschnitt 4.1). Darüber hinaus werden die Rentabilitätswirkungen, die von volkswirtschaftlichen Einflußgrößen wie der Höhe und der Art von Wachstumsprozessen und der Veränderung der Wirtschaftsstruktur einbezogen sowie deren Wirkungen auf den Arbeitsmarkt und auf das individuelle Humankapitalkalkül analysiert (siehe Abschnitt 4.2).

4.1 Arbeitsmarkteinflüsse

Bisher wurde in den vorangegangenen Kapiteln dieser Schrift die Humankapitalbildung aus der rein einzelwirtschaftlichen Perspektive eines investierenden Individuums betrachtet, das als Anbieter sein individuelles Humankapital in der Produktion von Gütern und Dienstleistungen anbietet, für die es monetäre Erträge erhält. Implizit geht der Humankapitalansatz damit von einer gegebenen, ausreichend großen Nachfrage nach dem angebotenen individuellen Humankapital in einer Volkswirtschaft aus.

Demnach wird unterstellt, daß für die investierenden Individuen immer ausreichend qualifizierte Arbeitsplätze in den Unternehmen in genau der Anzahl vorhanden sind, die zu dem individuell gebildeten allgemeinen und spezifischen Humankapitalbestand passen und die erwarteten Erträge erbringen.[225]

Diese Situation einer exakt auf die Angebote der Investoren abgestimmten statischen Nachfrage auf dem Arbeitsmarkt ist aber in der Realität nicht gegeben. Andere Wirtschaftssubjekte reagieren ebenfalls auf Ertragserwartungen aus bestehenden Knappheitsrelationen und beeinflussen sie damit. Die dezentralen Reaktionen führen aufgrund von zeitlichen Verzögerungen, die durch die Dauer der Investitionen bedingt sind, dazu, daß die ex ante erwartete Angebotssituation nicht mit der ex post tatsächlich eintretenden Situation übereinstimmt. Auch die Unternehmen als Nachfrager nach Humankapital reagieren auf erwartete gesamt-

---

225 Vgl. **Sesselmeier, Blauermel** (1997), S. 74 - 76.

wirtschaftliche Entwicklungen mit Anpassungsreaktionen und verändern die Beschäftigungsmöglichkeiten. Die individuelle Ex-ante-Planung der Investoren stimmt mit der tatsächlich eintretenden Ex-post-Situation häufig nicht überein und muß ihr in der Folge zumindest langfristig angepaßt werden.

In diesem Abschnitt werden im folgenden die humankapitalrelevanten Aspekte der Angebots- wie der Nachfrageseite des Arbeitsmarktes, insbesondere für spezifisches Humankapital, einbezogen.[226] Dazu gehört zunächst die Problematik der Gleichgewichtsbildung von Angebot und Nachfrage und der Anpassungsprozesse auf den relevanten Humankapitalmärkten (siehe die Gliederungspunkte 4.1.1 und 4.1.2). Weiter behandelt werden die gegenseitigen Abhängigkeitsverhältnisse, die sich bei der Finanzierung in der Investitionsphase und der Entlohnung in der Erwerbsphase bei spezifischem Humankapital zwischen individuellen Humankapitalanbieter und den Unternehmen als Arbeitgebern ergeben (siehe Gliederungspunkt 4.1.3).

4.1.1 Arbeitsmarktangebotseinflüsse auf das individuelle Humankapitalkalkül

Hat ein Individuum ein Kosten-Ertrags-Kalkül über seine eigene Humankapitalbildung vorgenommen und die Investitionsphase abgeschlossen, so trifft es auf den Arbeitsmarkt.[227] Der Investor bietet dann sein erworbenes Humankapital Unternehmen an, um die erwarteten Erträge aus seinem gebildeten Humankapital durch eine spezifisch qualifizierte Tätigkeit zu realisieren. Nimmt man an, daß auf dem Arbeitsmarkt eine Beschäftigungsstelle für genau das angebotene Volumen mit genau der bereitgestellten Qualifikationsstruktur zu besetzen ist, dann ist der durch das Humankapitalangebot induzierte Ertragsstrom auf dem Arbeitsmarkt im Zeitablauf vollkommen sicher.

---

226 Vgl. **Hinchliffe** (1987), **Levin** (1987), **McNabb** (1987).

227 Vgl. **Mattern, Weißhuhn** (1980), S. 136 - 191.

Realistischerweise muß aber angenommen werden, daß absolut sichere Beschäftigungschancen auf dem Arbeitsmarkt in einer dynamischen Umwelt nicht herrschen. Entwicklungen der Arbeitsmarktnachfrageseite und der -angebotsseite können zentrale Ungewißheitsfaktoren für den Investor und die zukünftige Rentabilität seines Humankapitalkalküls bilden.

In einer Volkswirtschaft investiert nicht nur ein Individuum allein und autonom in sein Humankapital, sondern Investitionskalküle über Humankapitalinvestitionsentscheidungen werden von sehr vielen Individuen in dieser Volkswirtschaft vorgenommen. Hieraus ergeben sich verschiedene Interdependenzen zwischen den Investoren in ihrem Entscheidungsverhalten.

Die Investitionsentscheidungen der anderen Individuen und der Unternehmen in einer Volkswirtschaft bleiben für die Vorteilhaftigkeit der individuellen Kalküle nicht ohne Auswirkungen. So ist die Annahme einer gegebenen Nachfrage nach Humankapital, die unverändert fest steht und die erwarteten Erträge aus der Berufstätigkeit auf dem Arbeitsmarkt auf Dauer garantiert, nicht haltbar. Weiter hat die Anzahl der tatsächlichen Investoren als Marktanbieter von Humankapital erhebliche Rückwirkungen auf die zu erwartenden Erträge aus einer getätigten Investition.[228]

Die Abhängigkeit von exogenen Entscheidungen gilt insbesondere auf Märkten für hochspezifisches Humankapital. Die Investition ermöglicht es dem Investor, seine Leistung nicht nur auf dem Markt für unqualifizierte oder sehr niedrig qualifizierte Arbeit anzubieten, sondern auf dem Markt für diese spezifische Qualifikation mit höheren Ertragserwartungen. Für solches hochspezifisches Humankapital besteht jedoch unter Umständen nur ein relativ enger Arbeitsmarkt mit entsprechend zahlenmäßig geringer Arbeitsmarktnachfrage. Tritt auf einem solchen Arbeitsmarkt mit einem kleinen Bestand ex post durch einen hohen

---

[228] Vgl. **Fischer, Dornbusch, Schmalensee,** (1988), S. 305 - 307, **Kaufman** (1989), S. 300 f.; vgl. auch zu möglichen Arbeitsmarktfehlentwicklungen auf Winner-take-all-Märkten **Frank** (1994), S. 595 f., **Frank, Cook** (1995).

Anbieterzustrom ein Überangebot ein, so kann dies erhebliche negative Renditefolgen haben, die kaum zum Zeitpunkt der Investitionsentscheidung vorauszusehen sind. Bei sehr großen Arbeitsmärkten mit einem großen Bestand an Arbeitsplätzen und Arbeitskräften mit der spezifischen Qualifikation haben dieselben absoluten Änderungen von Angebot und Nachfrage geringere Renditeauswirkungen.

Arbeitsmarktwirkungen aus quantitativen Veränderungen beim Angebot an Humankapital beeinflussen die individuelle Rentabilität je nach Richtung und Ausmaß unterschiedlich. Die Ertragslage für den Einzelnen kann sich je nach den Ex-ante-Erwartungen in der Folge ex post verbessern, verschlechtern oder, auch bei gleichstark gegenläufigen Prozessen, unverändert bleiben. Insofern wurde in den vorangegangenen Kapiteln der Spezialfall einer genau zu dem jeweils herrschenden Angebot passenden Nachfrage angenommen. Dieser Spezialfall wird jetzt erweitert.

Beispielsweise blieben die Erträge für branchenspezifisch qualifiziert ausgebildete Informatiker auch bei einem Angebotsboom durch stark ansteigende Studentenzahlen in den Informatikfächern nach Studienabschluß gesichert, falls parallel dazu eine Nachfrageausweitung mit steigendem Bedarf seitens der Hardwareindustrie und der Softwarehäuser wegen einer Ausweitung des Marktpotentials in der elektronischen Datenverarbeitung erfolgt. Nur für den Fall, daß die Studentenzahlen in der Informatik überproportional zum Stellenwachstum anstiegen oder die Nachfrage zum Beispiel wegen mangelnder Wettbewerbsfähigkeit in Folge eines zu geringen Innovationstempos wegbrechen würde, entstünden während der Erwerbsphase negative Ertragswirkungen für die Anbieter spezifischer Informatikkenntnisse.

Die nachfolgende Abbildung 11 zeigt den Arbeitsmarkt für eine Art bestimmten hochspezifischen Humankapitals mit hohem Niveau je Arbeitskaraft. In der Abbildung 11 wird bei einer zunächst gegebenen fallenden Humankapitalnachfragefunktion seitens der Unternehmen DL DL die Anbieterzahl der Investoren, die in das Humankapital investiert haben und dieses Kapital nun auf dem Arbeitsmarkt anbieten, variiert. Die Ausgangssituation zeigt eine Angebotsfunktion für Humankapital SL1 SL1, bei der die Angebotsmenge mit der Ertragshöhe auf dem Arbeitsmarkt E_{SL1} aus der Investition ansteigt. Je höher die erwarteten Erträge sind, desto vorteilhafter wird eine solche Investition und desto mehr Individuen entscheiden sich für eine Investition in solches Humankapital. Bei einer Ausgangssituation beträgt im Gleichgewicht bei einem Ertrag von E_{SL1} die Anzahl der Investoren N_{SL1}.

Dieses augenblickliche Gleichgewicht kann sich nun auf der Angebotsseite auf längere Sicht infolge von Zugängen durch dezentralen Investitionen, von Zu- oder Abgängen durch Migrationsprozesse oder Abgänge in den Ruhestand in beide Richtungen verändern. Die Investorenanzahl N_{SL1} kann beispielsweise auf N_{SL2} in dem Fall ansteigen, wenn das Humankapitalangebot auf dem Arbeitsmarkt sich nach SL2 SL2 verschiebt. Sie kann bis auf N_{SL3} sinken, falls sich das Angebot in die Gegenrichtung nach SL3 SL3 verschiebt.[229] Bei einem sich ändernden Humankapitalangebot auf dem Arbeitsmarkt für qualifiziertes Humankapital passen sich die Erträge an die zahlenmäßige Entwicklung durch Ertragssenkungen auf E_{SL2} beziehungsweise Ertragssteigerungen auf E_{SL3} der Anzahl der Investoren in Humankapital an.[230]

In Abhängigkeit von den Investitionsentscheidungen der anderen Investoren kommt es in der Abbildung 11 zu den Rentabilitätsschwankungen in den Erträgen zwischen E_{SL2} und E_{SL3}, die exogen auf das individuelle Vorteilhaftigkeitskalkül einwirken und die vom Investor selbst nicht direkt beeinflußt werden können.

---

229 Vgl. **Ehrenberg, Smith** (1994), S. 291.

230 Zum Ablauf der marktlichen Anpassungsprozesse auf den Arbeitsmärkten in der Form eines Cobweb-Modells vgl. **Freeman** (1979), S. 44 - 46, **Ehrenberg, Smith** (1994), S. 291 - 294, **Reynolds, Masters, Moser** (1991), S. 99 f.

Abbildung 11:

Arbeitsmarktwirkungen bei Änderungen des Angebots an Humankapital

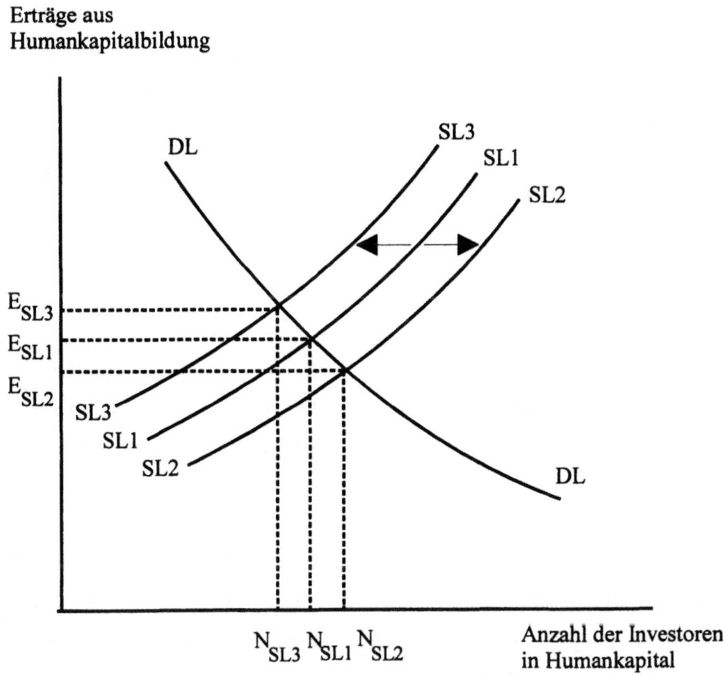

Quelle: eigene Abbildung.

Solche Arbeitsmarktangebotsänderungen können in unterschiedlicher Art und Weise begründet sein: Erstens kann sich der Bestand an Humankapitalanbietern dadurch verändern, daß zum Beispiel durch die demographische Entwicklung in einer Volkswirtschaft bedingt mehr Anbieter am Ende ihrer Lebensertragsperioden den Arbeitsmarkt verlassen als neue Anbieter nach ihrer Investitionsphase auf den Humankapitalmarkt strömen. Der zufließende Strom der Anbieter der humankapitalspezifischen Tätigkeit ist geringer als der abfließende Strom, so daß sich anbieterseitig ceteris paribus eine Arbeitsmarktknappheit bildet und sich für die Investoren in Humankapital die Ertragslage dauerhaft mit einer Tendenz hin zu E_{SL3} / N_{SL3} verbessert.

Zweitens kann sich die Arbeitsmarktlage für bestimmtes Humankapital durch Migrationsprozesse verändern.[231] Eine verstärkte Immigration, die durch erwartete hohe Erträge aus der Humankapitalbildung im Zielland nach einer Immigration angeregt wird, führt bei Freizügigkeit für den Produktionsfaktor Arbeit zu einem steigenden Angebot von spezifisch qualifizierten Arbeitskräften auf dem Arbeitsmarkt des Ziellandes mit den daraus resultierenden Anpassungsprozessen in Richtung E_{SL2} / N_{SL2}.[232]

Haben Investoren nur wenig Informationen über das Investitionsverhalten der anderen Individuen und investieren sie daher parallel in dieselbe Art spezifischen Humankapitals, so folgen aus den Informationsdefiziten über die zu erwartende Arbeitsmarktlage der späteren Perioden sinkende Erträge für die Anbieter.

Die vorangegangenen Beispiele können selbstverständlich auch die jeweils umgekehrte Wirkungsrichtung haben, und die verschiedenen Ursachen können zugleich auftreten. Exogene Arbeitsmarktveränderungen können bei unterschiedlichen Wirkungsrichtungen auch gegenläufige Tendenzen in den Ertragswirkungen aufweisen, die sich möglicherweise kompensieren, so daß für einen Investor trotz hochdynamischer Arbeitsmarktentwicklungen in diesem speziellen Fall der Gegenwartswert seiner Humankapitalinvestition unverändert bleibt.

---

[231] Zum Entscheidungskalkül über eine Migration vgl. den *Gliederungspunkt 3.4.2.*

[232] Vgl. **LaLonde, Topel** (1991), **Straubhaar** (1992), **Freeman, Katz** (1991).

4.1.2 Arbeitsmarktnachfrageeinflüsse auf das individuelle Humankapitalkalkül

In ähnlicher Weise wie auf der oben betrachteten Arbeitsmarktangebotsseite kommt es ebenso zu Einflüssen durch Veränderungen auf der Arbeitsmarktgegenseite, der Nachfrage der Unternehmen nach individuellem Humankapital.[233] Nicht nur Änderungen der Angebotssituation haben im Zeitablauf Auswirkungen auf die individuelle Rentabilität von Humankapitalinvestitionen, sondern auch eine veränderte Nachfrage seitens der Unternehmen, die allgemeines und spezifisches Humankapital in ihrem Produktionsprozeß einsetzen.

Die Abbildung 12 geht von einer Ausgangssituation mit einer gegebenen Angebotskurve für das Humankapital SL SL sowie von einem Nachfragekurvenverlauf der Unternehmen DL1 DL1 bei der nachgefragten Kapazität N_{DL1} aus. Im Gleichgewicht des Arbeitsmarktes betragen die Erträge für die Investoren in Humankapital E_{DL1}. Analog zu Arbeitsmarktveränderungen auf der Angebotsseite bewirkt eine Ausdehnung der Produktionskapazität seitens der Unternehmen in der Folge auf dem Arbeitsmarkt eine Verschiebung der Nachfragefunktion nach rechts zu DL2 DL2.

Der Nachfrageanstieg hat für die Investoren in Humankapital ein neues Beschäftigungsgleichgewicht in N_{DL2} und einen entsprechenden Anstieg der Erträge auf E_{DL2} zur Folge. Eine Nachfrageminderung in Richtung DL3 DL3 führt dagegen zu einem Rückgang in der Beschäftigung auf N_{DL3} und zu negativen Veränderungen der Ertragshöhe in Richtung bis auf E_{DL3}.[234]

Die Gründe für die Nachfrageschwankungen seitens der Unternehmen in positiver wie negativer Richtung sind unterschiedlich. Sie können beispielsweise in

---

233 Vgl. für Analysen der Nachfrageseite des Arbeitsmarktes **Hamermesh** (1986), **Hamermesh** (1993), **Kühl, Lahner, Wagner** (Hrsg.) (1997).

234 Vgl. **Ehrenberg, Smith** (1994), S. 290, vgl. auch **Flanagan, Kahn, Ehrenberg, Smith** (1989), S. 222 f.

Produktionsschwankungen in den Unternehmen liegen. So können durch positive Entwicklungen auf den Produktmärkten zu einem dauerhaft gestiegenem Output der Unternehmen auf den Endproduktmärkten führen. Die Herstellung dieser Produkte kann einen höheren Faktoreinsatz beim Produktionsfaktor Humankapital bedingen und so zu einer steigenden Nachfrage führen.

Abbildung 12:

Arbeitsmarktwirkungen bei Änderungen der Nachfrage nach Humankapital

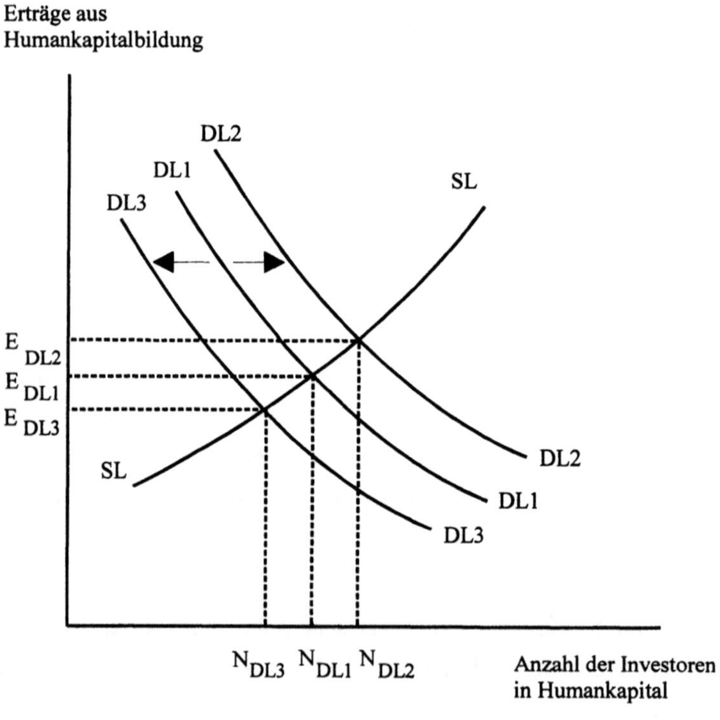

Quelle: eigene Abbildung.

Wird andererseits der Produktionsfaktor Humankapital dagegen im Zeitablauf durch Sachkapital substituiert, zum Beispiel durch technischen Fortschritt, so kommt es zu Rückgängen bei der Nachfrage vor allem nach spezifischem Humankapital seitens der Unternehmen. Möglicherweise bestehen Informationsvorsprünge der Unternehmen, die über potentielle Produkt- oder Prozeßinnovationen unter Umständen besser informiert sind als die Investoren, daher besser als die einzelnen Investoren die geänderte Marktnachfrage ex ante einschätzen können und damit auch besser als die individuellen Investoren reagieren können.

Ursachen für die Änderungen auf dem Arbeitsmarkt auf der Angebotsseite und der Nachfrageseite können auch gleichzeitig auftreten. Sie können in ihrer Wirkung auf die individuelle Humankapitalrentabilität zugleich in derselben Richtung beeinflussen und dadurch starke Rückwirkungen auf das Kalkül ausüben. Beispielsweise können gleichzeitig sowohl Angebotsrückgänge beim Humankapital als auch eine Nachfrageausweitung der Unternehmen stattfinden. Nachfrage- und Angebotsseite können aber auch in ihrer Wirkung gegenläufig sein und sich so in ihrer Auswirkung auf die individuelle Rentabilität teilweise oder sogar vollständig kompensieren.[235]

Es bleibt festzuhalten, daß sich die exogen ändernden Bedingungen für qualifiziertes Humankapital auf den Arbeitsmärkten einerseits erheblichen Einfluß auf die Erträge aus den Investitionen haben und auf das individuelle Vorteilhaftigkeitskalkül einwirken. Andererseits ist der Gesamteffekt der Wirkungen in der Richtung unbestimmt. Es kann zum Beispiel zu einer gesteigerten Nettorentabilität kommen, wenn sich die individuellen Erträge aufgrund einer positiven Arbeitsmarktentwicklung ändern.

Die arbeitsmarktbedingten Ertragsschwankungen lassen sich besser durch Informationsaktivitäten ex ante teilweise abschätzen und in das individuelle Kalkül

---

[235] Vgl. **Wachtel** (1988), S. 203 - 205.

einbeziehen. Eine Stabilisierung der Arbeitsmarktbeziehungen resultiert möglicherweise auch daraus, daß die Unternehmen sich an den Kosten bei firmenspezifischen Investitionen in Humankapital im Rahmen der Investitionsvorhaben der Individuen beteiligen. Diesen zusätzlichen Aspekt behandelt der folgende Gliederungspunkt 4.1.3.

4.1.3 Abhängigkeitsverhältnisse bei spezifischen Humankapitalinvestitionen

Investitionsentscheidungen über Humankapital betreffen nicht nur die individuellen Anbieter, sondern sie berühren ebenso die Interessen der Unternehmen. Bei hochspezifischen Investitionen in Humankapital werden die Investitionskosten in der Realität typischerweise in nicht unerheblichem Ausmaß oder sogar vollständig von dem Unternehmen getragen, in dem das zu bildende Humankapital eingesetzt werden soll.[236] Die Art der Finanzierung, die daraus resultierenden Abhängigkeitsverhältnisse und die Rentabilitätswirkungen sind näher zu analysieren.

Wenn die Investition als Extremfall hinsichtlich der Humankapitalspezifität für Individuen und Unternehmen derart spezifisch ist, daß sie die individuelle Produktivität allein in diesem einen Unternehmen steigert und ansonsten auf dem Arbeitsmarkt nicht produktiv eingesetzt werden kann,[237] ist der Investor ausschließlich auf diese eine Verwendung seiner Investition festgelegt.[238] Eine solche hochspezifische Qualifikation kann die Besetzung einer arbeitsplatzspezifischen Schlüsselposition für das Unternehmen im Management oder in der Forschungsabteilung sein. Damit kommt es während der Erwerbsphase zu einem

---

[236] Zu den Investitionsentscheidungen auf der Arbeitsmarktnachfrageseite durch die Unternehmen über den Einsatz des allgemeinen und spezifischen Produktionsfaktors Humankapital vgl. **Wachtel** (1988), S. 186 - 188, **Parsons** (1990), **Pichler** (1992), **Pichler** (1993), **Stankiewicz** (1994).

[237] Zu spezifischem Humankapital in Unternehmen vgl. genauer unter *Gliederungspunkt 3.3.2.*

[238] Vgl. **Becker** (1993/1964), S. 40 - 51.

Lock-in-Effekt für den Investor, da er beim Einsatz seines idiosynkratischen Humankapitals von genau einem bestimmten Arbeitgeber auf Grund seiner versunkenen unternehmensspezifischen Investitionen abhängig ist. Er kann ex post nicht mehr auf andere Nachfrager ausweichen, denn für sie ist das unternehmensspezifische Humankapital unproduktiv und damit wertlos.

Bei rein allgemeinen Humankapitalinvestitionen werden die Kosten in der Regel vollständig vom Investor selbst getragen. Der Grund liegt in der ubiquitären Verwendbarkeit des Humankapitals auf dem Arbeitsmarkt. Da allgemeines Humankapital in beliebig vielen Verwendungen auf dem Arbeitsmarkt eingesetzt werden, sind Unternehmen generell nicht bereit, solche Humankapitalinvestitionen zu finanzieren. Wenn sie es finanzieren, dann besteht für das investierende Unternehmen das Risiko, daß die Individuen ihr Humankapital nach dem Abschluß der Investitionsphase einem anderen Unternehmen anbieten. Bei spezifischen Investitionen wird sich demgegenüber das Beschäftigungsunternehmen als Humankapitalnachfrager unter Umständen an den Kosten der Humankapitalinvestition beteiligen.[239]

Ist das zu bildende Humankapital ausschließlich spezifisch, ergeben sich erhebliche Auswirkungen auf die Finanzierung der Investition. Ein potentieller individueller Investor wird wegen des obengenannten Lock-in-Effekts nicht bereit sein, solche hoch spezifischen Investitionen allein zu finanzieren. Benötigt das Unternehmen aber solches spezifisches Humankapital, so ist es für das Unternehmen vorteilhaft, die Ausbildungskosten für das Individuum (mit) zu finanzieren. Es muß dann aber auch das Individuum in der Ertragsphase nicht vollständig entsprechend der gestiegenen Produktivität entlohnen, sondern es kann seinen Investitionsanteil bei der Festlegung der Ertragshöhe des Individuums berücksichtigen.

---

[239] Vgl. **Pichler** (1993).

Für den Fall, daß das Unternehmen die spezifische Investition allein finanziert, fallen der indirekte Kostenblock[240] der Fläche (2)' und der Ertragsblock der Fläche (1)' in der Abbildung 13 nur für das Unternehmen an, der Investor kalkuliert unverändert mit dem Basisertrag E_B.[241]

Abbildung 13:

Kosten und Erträge bei spezifischem Humankapital

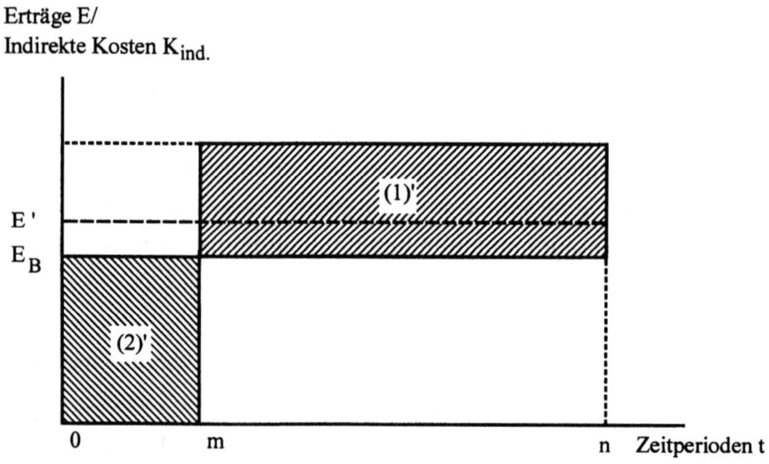

Quelle: eigene Abbildung in Anlehnung an **McConnell, Brue** (1992), S. 107.

In Abhängigkeit von den Investitionsentscheidungen der anderen Investoren kommt es in der Abbildung 11 zu den Rentabilitätsschwankungen in den Erträgen

---

240 Vereinfachend werden hier die direkten Kosten der Investition vernachlässigt.

241 Der Basisertrag kann hier auch ein Ertragsniveau widerspiegeln, das bereits allgemeinere Humankapitalinvestitionen honoriert. Die an dieser Stelle betrachtete spezifische Investition kann auch eine Investition in Form einer Zusatzqualifikation sein.

zwischen E_{SL2} und E_{SL3}, die exogen auf das individuelle Vorteilhaftigkeitskalkül einwirken und die vom Investor selbst nicht direkt beeinflußt werden können.

Bei nicht vollständig unternehmensspezifischen Investitionen ist anzunehmen, daß Investor und Unternehmen sich die anfallenden Kosten der Fläche (2)' und entsprechend auch die zusätzlichen Erträge der Fläche (1)' aus solchen teilspezifischen Investitionen teilen.[242] Spezifische Investitionen, die unter diese Kategorie fallen können, sind beispielsweise markt- und branchenspezifisches Humankapital.

Das Unternehmen hat als Nachfrager ein Interesse daran, den Beschäftigten mit Kenntnissen über die Branche(n), in der (in denen) es tätig ist, und die Märkte, auf denen es seine Produktpalette anbietet, an das Unternehmen zu binden, da es vermutlich zwar solches Humankapital bei anderen Anbietern findet, die Anzahl dieser Anbieter aber begrenzt ist und eine Beschäftigung anderer Anbieter mit erheblichen zusätzlichen Transaktionskosten[243] verbunden ist. Sie müssen auf dem Arbeitsmarkt einen geeigneten Mitarbeiter suchen und sich über dessen spezifische Qualifikation informieren und neue Arbeitsverträge aushandeln. Bei hochkomplexem spezifischen Humankapital wird die individuelle Produktivität zu Beginn der neuen Tätigkeit nicht eindeutig zu beurteilen sein, es entstehen Kontrollkosten in den ersten Perioden der Beschäftigungphase.

Auch die individuellen Investoren finden nur begrenzt für solches markt- oder branchenspezifisches Kapital alternative Einsatzmöglichkeiten auf dem Arbeitsmarkt, für sie entstehen gleichfalls Transaktionskosten. Sie müssen bei einem Arbeitsplatzwechsel in ein anderes Unternehmen mit Kosten verbundene Informationen über die alternativen Nachfrager sammeln und anschließend

---

[242] Vgl. **Hashimoto** (1981), **Polachek, Siebert** (1993), S. 77 - 82, **Sapsford, Tzannatos** (1993), S. 104 - 107, **Hart, Moutos** (1995), S. 12 - 20.

[243] Zum Transaktionskostenansatz vgl. **Coase** (1937), **Williamson** (1979), **Williamson** (1981), **Williamson** (1989); vgl. auch **Wegehenkel** (1980).

verarbeiten.[244] Gegebenenfalls konkurrieren sie mit anderen Anbietern desselben spezifischen Humankapitals um eine Alternativbeschäftigung.[245]

Die Aufteilung zur Finanzierung der spezifischen Humankapitalinvestitionen zwischen Beschäftigten und Unternehmen ist unterschiedlich, da in der Realität tendenziell allgemeines und eher (unternehmens-)spezifisches Kapital auf dem Arbeitsmarkt kombiniert angeboten und in den Unternehmen über unterschiedlich lange Zeiträume eingesetzt wird.[246] Je allgemeineren Charakter eine Humankapitalinvestition hat, desto größer ist tendenziell der Kostenanteil, den die Investoren selbst zu tragen haben, da er solches ubiquitäres Kapital bei einem Unternehmenswechsel weiter ohne Ertragsverlust nutzen kann.[247] Je unternehmensspezifischer eine Investition ist, desto stärker sind die betroffenen Unternehmen, die solches Kapital benötigen, bereit, sich substanziell an den Kosten zu beteiligen. Je länger ein Arbeitnehmer die Beschäftigungsdauer in einem Unternehmen einschätzt, desto eher ist er bereit, sich seinerseits an den spezifischen Investitionskosten zu beteiligen, da sie sich für ihn langfristig rentieren.[248]

Im Ergebnis wird dem individuellen Investor bei solchen Investitionsentscheidungen ein Teil der Investitionsungewißheit abgenommen. Denn bei einer gemeinsamen Finanzierung der Kosten der Humankapitalinvestition durch den Investor und das Unternehmen sind beide Seiten an der langfristigen Aufrechterhaltung der Arbeitsbeziehung bis zum Zeithorizont t interessiert, um die Zusatzerträge in der Ertragsphase gemeinsam zu realisieren. Es entsteht eine

---

244 Zu den Informationsaktivitäten im Kosten-Ertragskalkül des Individuums vgl. den *Gliederungspunkt 3.3.2.*

245 Zu den potentiellen Wirkungen einer sich verändernden Anzahl von Investoren, die in gleiche Art spezifischen Humankapitals investiert haben, vgl. den *Gliederungspunkt 4.1.1.*

246 Vgl. **Marsden** (1986), S. 236 - 239, **Siebert** (1985), S. 23 - 28.

247 Vgl. aber auch zur potentiellen Finanzierung allgemeiner Humankapitalinvestitionen durch die Unternehmen **Alewell** (1998).

248 Vgl. **Siebert** (1985), S. 23.

dauerhafte gegenseitige Bindung,[249] die Investition wird für das Individuum wie für das Unternehmen sicherer und langfristiger kalkulierbar, da beide Seiten wegen der Spezifität der Investition an einem langfristigen Beschäftigungsverhältnis interessiert sind.[250] Der Grad der Ungewißheit sinkt für den Investor.[251] Im Extremfall resultiert aus der gegenseitigen Bindung ein kontinuierliches, lebenslanges Beschäftigungsverhältnis.[252]

Im weiteren Umfeld des individuellen Kosten-Ertrags-Kalküls sind neben den Arbeitsmarktentwicklungen für sein gebildetes Humankapital auch gesamtwirtschaftliche Prozesse zu berücksichtigen. Mit solchen Variationen in der Volkswirtschaft im Zeitablauf und den resultierenden Wirkungen setzt sich der Abschnitt 4.2 auseinander.

4.2 Einflüsse gesamtwirtschaftlicher Entwicklungen

4.2.1 Gesamtwirtschaftliche Einflußfaktoren

Die Entscheidungsprozesse über die individuelle Humankapitalbildung unterliegen nicht nur den Anpassungsprozessen auf dem jeweiligen Arbeitsmarkt für bestimmtes Humankapital. Die Investitionsrentabilität hängt auch davon ab, ob und in welcher Weise sie durch exogene Einflußfaktoren auf der gesamtwirtschaftlichen Ebene einer Volkswirtschaft verändert werden.[253]

In diesem Abschnitt wird genauer untersucht, wie sich makroökonomische Wachstumsprozesse in der Gesamtwirtschaft sowie mesoökonomische Varia-

---

249 Vgl. **Bonus, Weiland** (1995), S. 43 f.

250 Vgl. **Kraft** (1986), S. 392.

251 Vgl. **Weiss** (1986), S. 634 - 638.

252 Vgl. **Giersch** (1993a), S. 205 f.

253 Zu der folgenden Argumentationslinie vgl. **Rissiek** (1997b).

tionen der Wirtschaftsstruktur auf der Marktnachfrageseite nach individuellem Humankapital auf die oben betrachtete Arbeitsmarktsituation und damit auf die individuelle mikroökonomische Ebene der Entscheidung über ein Angebot für spezifisches Humankapital in einem bestimmten Umfang auswirken können.

Die Gesamtnachfrage der Unternehmen auf dem Arbeitsmarkt für allgemeines und spezifisches Humankapital ist im einfachen Standardmodell des Kapitels 2 als konstant angenommen, das heißt gesamtwirtschaftliche Wachstumsprozesse bleiben in dem Kalkül unberücksichtigt. Man kann für diese Situation die Gleichung (16) mit einer einfachen hochaggregierten gesamtwirtschaftlichen Produktionsfunktion[254] Y zugrunde legen, die die Form

$$Y = f\,(SK; HK) \tag{16}$$

aufweist. Hier ist der Output eine Funktion des als konstant angenommenen Produktionsinputfaktors Sachkapital SK und des ebenfalls konstant angenommenen Produktionsinputfaktors Humankapital[255] HK. Es handelt sich um eine rein stationäre Volkswirtschaft, in der weder gesamtwirtschaftliches Wachstum noch Strukturwandel betrachtet und dementsprechend die daraus entstehenden Effekte in der Analyse vernachlässigt werden können.

Diese Basisgleichung (16) mit konstanten Produktionsfaktoren ist zu modifizieren und erweitern. Für die folgenden Überlegungen soll angenommen werden, daß in der betrachteten Volkswirtschaft von den Individuen spezifisches Human-

---

[254] Zu dieser Form der aggregierten Produktionsfunktion vgl. **Clement, Pichler** (1993), S. 40 - 44, vgl. auch **Freeman** (1986), S. 358 f., **Cohn, Geske** (1990), S. 139 - 141, sowie die ausführliche Darstellung des Produktionsfaktors Humankapital im Produktionsprozeß bei **Gries** (1995b), S. 72 - 92.

[255] Zum Humankapital als Produktionsfaktor vgl. allgemein **Schultz** (1980), sowie **Mincer** (1984), S. 292 - 295.

kapital gebildet wurde.[256] Für diesen Abschnitt wird angenommen, daß es sich um spezifisches Humankapital handelt, das in einem bestimmten Sektor eingesetzt werden muß, um produktiv zu sein; dieses hier als sektorspezifisch bezeichnete Humankapital haben die Individuen (ergänzend zu ihren Investitionen in tendenziell allgemeines Humankapital) für den beziehungsweise in dem jeweiligen Wirtschaftssektor, in dem sie selbst tätig sind, gebildet. Dieses sektorspezifische Humankapital kann annahmegemäß durch Veränderungen der sektoralen Wirtschaftsstruktur[257] direkt in seinen Erträgen und damit in seiner Rentabilität beeinflußt werden.

Die Sektorspezifität kann sehr unterschiedlich als Kombination der unter Gliederungspunkt 3.3.2 dargestellten Spezifitätsarten ausgestaltet sein. Sektorspezifisches Humankapital, zum Beispiel in Form von marktspezifischem Humankapital in einem Unternehmen des jeweiligen Sektors, führt nur bei einer Verwendung in diesem oder einem anderen Unternehmen in genau diesem einen Sektor zu Produktivitätssteigerungen. In den anderen Sektoren der Wirtschaft mit anderen marktrelevanten Kenntnissen ist solches Humankapital nicht produktiv einsetzbar und daher wertlos; es erbringt dem individuellen Investor bei einer Beschäftigung in anderen Sektoren keine Humankapitalerträge.

Die aggregierte Produktionsfunktion (16) der Volkswirtschaft wird unter Berücksichtigung sektorspezifischen Humankapitals in der Gleichung (17) ausdifferenziert zu der Funktion[258]

$$Y = f\,(SK; HK_{Sp}). \tag{17}$$

---

[256] Zur Abgrenzung von allgemeinem gegenüber spezifischem Humankapital vgl. den *Gliederungspunkt 3.2.1.*

[257] Vgl. zum Beispiel die Darstellung der langfristigen sektoralen Entwicklung des Landes Thüringen für den Zeitraum von 1925 bis 1994 mit starken Strukturbrüchen bei **Kallfass** (1995).

[258] Vgl. **Willis** (1986), S. 556 - 559.

Nur einem aggregierten Produktionsfaktor Sachkapital SK[259] stehen jetzt bei dem Produktionsfaktor Humankapital verschiedene Formen sektorspezifischen Humankapitals

$$HK_{Sp} = (HK_1, ..., HK_j) \tag{18}$$

mit $Sp = 1, ..., j$

für maximal j Sektoren in dieser Volkswirtschaft gegenüber.[260] Die Wirtschaftsstruktur einer Volkswirtschaft läßt sich anhand verschiedener Kriterien ausdifferenzieren, zum Beispiel nach der intrasektoralen, intersektoralen oder internationalen Wirtschaftsstruktur.[261] Eine einfache sektorale Gliederung beziehungsweise Strukturierung der Wirtschaftsstruktur einer Volkswirtschaft mit $j = 3$ stellt die Drei-Sektoren-Hypothese dar, für die verschiedene Ausdifferenzierungen entwickelt wurden.[262]

Durch die vorgenommenen Modellerweiterungen unterscheidet sich die folgende Analyse in zweifacher Hinsicht von der Argumentationslinie in Kapitel 2. Auf der Angebotsseite wird das allgemeine Humankapital in sektorspezifische Arten von Humankapital ausdifferenziert. Damit werden auch rein strukturelle Veränderungen auf der Nachfrageseite nach spezifischem Humankapital relevant, die zu vernachlässigen sind, wenn es in einer Volkswirtschaft nur allgemein einsetzbares Humankapital eines einzigen relevanten Typs gibt.

---

259 Auf eine weitere Ausdifferenzierung des Produktionsfaktors Sachkapital wird hier verzichtet. Sie ändert nichts an den Ergebnissen der folgenden Analyse des Produktionsfaktors Humankapital und wird daher nicht näher untersucht.

260 Prinzipiell wäre für die nachfolgende Argumentation auch eine andere Strukturierung des spezifischen Humankapitals in der Volkswirtschaft möglich. Die Argumentationslinie würde sich dadurch aber nicht ändern.

261 Vgl. **Schumann** (1993), S. 1031 - 1034.

262 Vgl. die Ansätze von **Fisher** (1939), **Clark** (1957/1940), **Fourastié** (1963/1949); vgl. auch **Pätzold** (1993), S. 251 - 264, sowie zusammenfassend **Willms** (1995), S. 373 - 376, und kritisch zur sektoralen Abgrenzung und zu den damit verbundenen Problemen **Peters** (1996), S. 38 - 47.

Die Nachfrageänderungen nach spezifischem Humankapital werden in der hier betrachteten Volkswirtschaft durch gesamtwirtschaftliches Wachstum sowie durch Änderungen der bestehenden Wirtschaftsstruktur hervorgerufen. Die Effekte der beiden volkswirtschaftlichen Größen Wirtschaftswachstum und Strukturwandel werden nun in die erweiterte Analyse einbezogen.[263] Die für die Untersuchung bedeutsamen möglichen Kombinationen von Wirtschaftswachstum und Wirtschaftsstruktur verdeutlicht die folgende Abbildung 14.

Abbildung 14:

Kombinationen von Wirtschaftswachstum und Wirtschaftsstruktur in einer Volkswirtschaft

Wirtschaftsstruktur/ Wachstumsrate	konstant	variabel
w = 0	Fall I: stationäre Volkswirtschaft	Fall III: stagnierende Volkswirtschaft
w > 0	Fall II: wachsende Volkswirtschaft	Fall IV: dynamische Volkswirtschaft

Quelle: eigene Abbildung in Anlehnung an **Thuy** (1994), S. 11.

---

263 Vgl. auch **Mincer** (1994), S. 128 - 134.

In einem rein stationären Humankapitalmodell besteht bei Nullwachstum mit einer Wachstumsrate von w = 0 eine gegebene Wirtschaftsstruktur mit einem bestimmten, konstanten Anteil des Produktionsfaktors Humankapital am gesamten Output der Volkswirtschaft. Diese stationäre Volkswirtschaft beschreibt der Fall I der Abbildung 14. Lockert man diese beiden restriktiven Annahmen und läßt sowohl positive Wachstumsraten w > 0 als auch eine variable Wirtschaftsstruktur zu, so sind neben dem ersten Fall einer rein stationären Volkswirtschaft der Fall II - wachsende Wirtschaft, der Fall III - stagnierende Wirtschaft und der Fall IV - dynamische Volkswirtschaft der Abbildung 14 als weitere theoretische Möglichkeiten zu unterscheiden.[264]

Darüber hinaus könnte eine schrumpfende Volkswirtschaft mit negativen Wachstumsraten in ihren Wirkungszusammenhängen betrachtet werden. Wachstumsraten w < 0 werden in diesem Abschnitt nicht weiter berücksichtigt, weil negative Wachstumsraten in der Realität nur temporär auftreten und aus der Analyse positiven Wachstums bei Bedarf Analogieschlüsse für schrumpfende Wirtschaften gezogen werden können. Schrumpfungsprozesse sind aber prinzipiell natürlich möglich.

Der Fall II zeigt die Situation einer Volkswirtschaft mit einer positiven Wachstumsrate mit w > 0, bei einer vollständig konstanten Wirtschaftsstruktur. In der gesamten Wirtschaft steigt die quantitative und qualitative Produktivität aller in der gesamtwirtschaftlichen Produktionsfunktion der Gleichung (17) erfaßten Produktionsfaktoren (SK; HK_1, ... Hk_j) mit genau derselben Wachstumsrate w. Demzufolge bleiben die relativen Anteile der Produktionsfaktoren im Verhältnis zueinander genau gleich. In diesem Fall finden keine Verschiebungen in der strukturellen Zusammensetzung bei den Produktionsfaktoren statt. Der Fall II wird hier als wachsende Volkswirtschaft bezeichnet.

---

264 Vgl. auch die Fallunterscheidung bei **Thuy** (1994), S. 9 - 13.

Im Fall III stagniert demgegenüber die Gesamtwirtschaft. Die gesamtwirtschaftliche Wachstumsrate beträgt w = 0, aber zugleich ändert sich die Wirtschaftsstruktur in ihrer anteiligen Zusammensetzung. Dieser dritte Fall wird stagnierende Volkswirtschaft genannt. Die auftretenden strukturellen Variationen können dabei unterschiedlich ausgestaltet sein.

Variieren können einerseits die Anteile der verschiedenen Arten von sektorspezifischem Humankapital HK_{Sp} innerhalb des gesamten Produktionsfaktors Humankapital bei insgesamt konstanten Anteilen von Sach- und Humankapital am Gesamtkapitalbestand. Andererseits kann sich aber auch der jeweilige Anteil der beiden Faktoren Sach- beziehungsweise Humankapital an dem Gesamtkapitalbestand durch Strukturwandel verschieben. Zudem können beide Effekte zugleich auftreten und sich sowohl die Aufteilung des Kapitals in Sach- und Humankapital als auch die Aufteilung innerhalb des Produktionsfaktors Humankapital auf die verschiedenen sektorabhängigen Formen ändern.

Der Fall IV kombiniert die beiden Annahmen eines positiven Wachstums und einer variablen Wirtschaftsstruktur miteinander. Diese dynamische Volkswirtschaft ist für reale ökonomische Entwicklungen der relevante Fall, da davon auszugehen ist, daß in realen Volkswirtschaften beide Phänomene zugleich auftreten,[265] während die Fälle II und III als theoretische Grenzfälle anzusehen sind. Im folgenden werden die Auswirkungen dieser kombinierten gesamtwirtschaftlichen Veränderungen auf die individuelle Humankapitalbildung analysiert.

Bei der Analyse exogener Einflußgrößen ist zu unterscheiden zwischen Ex-ante- und Ex-post-Wirkungen auf das individuelle Humankapitalkalkül. Wie in Kapitel 2 dargestellt, stellt ein Investor in einem Kosten-Ertrags-Kalkül die direkt mit der Investition verbundenen Kosten und die indirekten Opportunitätskosten in Form entgangener Erträge den zukünftig erwarteten, erhöhten Erträgen gegenüber und maximiert sein individuelles Kosten-Ertrags-Kalkül. Dieses Entscheidungskalkül

---

[265] Vgl. **Ichikawa** (1987), S. 523.

erfolgt immer unter Ungewißheit über zukünftige Entwicklungen von exogenen Faktoren, die das Investitionskalkül in der Rentabilität beeinflussen können. Bei einem bestimmten Informationsniveau versucht der Investor, in seinem individuellen Kalkül die Veränderung in den von ihm ex ante erwarteten relevanten Einflußgrößen zu prognostizieren und darauf aufbauend sein Investitionsverhalten zu optimieren.

Allerdings ist es meines Erachtens für den einzelnen Investor nicht möglich, alle exogenen Einflüsse und zukünftigen ex post während und vor allem nach der Investitionsphase eintretenden gesamtwirtschaftlich relevanten Entwicklungen, die beispielsweise durch humankapital- oder sachkapitalgebundenen technischen Fortschritt bewirkt werden, zu berücksichtigen. Hierunter fallen beispielsweise unerwartete Technologiesprünge durch Erfindungen.

Bei langfristigen Investitionskalkülen,[266] wie sie bei der Bildung und Nutzung des Humankapitals typisch sind, haben insbesondere auch die langfristig erwarteten Änderungen der ökonomischen Rahmenbedingungen hohe Relevanz.[267] Die Individuen versuchen diese Änderungen zum Zeitpunkt vor dem Investitionsvorhaben zu antizipieren. Gehen die Investitions- und Rentabilitätsüberlegungen des Investors über das gesamte Arbeitsleben, dann werden unter den jeweiligen herrschenden Informationsbedingungen die vor der Investition vorhersehbaren beziehungsweise erwarteten dynamischen Entwicklungen -wie das langfristige gesamtwirtschaftliche Wachstum oder Strukturumbrüche- in das Ex-ante-Kalkül integriert. Wird in the long run ein Wirtschaftswachstum mit hohen Wachstumsraten w erwartet, dann kann gegebenenfalls mit höheren zusätzlichen Erträgen in der Zukunft gerechnet werden als in einer stationären Wirtschaft. Solche langfristigen Entwicklungen sind jedoch wegen der Ungewißheit zukünftiger

---

[266] Nur kurzfristig wirksame, insbesondere periodisch auftretende konjunkturelle Einflüsse auf die langfristig fließenden Erträge aus der individuellen Humankapitalbildung sind bei spezifischem Humankapital nur von einer geringeren Bedeutung, vgl. **Holler** (1986), S. 142.

[267] Vgl. **Becker** (1993/1964), 91 f.

Entwicklungen nicht mit allen ihren potentiellen Auswirkungen in das Individualkalkül integrierbar.

Für die wachsende Wirtschaft des Falls II mit einer erwarteten positiven Wachstumsrate von w > 0 und unter der Annahme, daß das Wachstum der Volkswirtschaft sich bei konstanten Faktoreinsatzmengen auch in einem gleichhohen Wachstum der spezifischen Humankapitalproduktivität und der Erträge der Beschäftigten widerspiegelt, steigen die zukünftig erwarteten Erträge aus den Humankapitalinvestitionen an; das Kosten-Ertrags-Kalkül wird entsprechend modifiziert, indem es an die langfristigen Erwartungen angepaßt wird. Für den Fall III mit Strukturveränderungen und ohne Wachstumsimpulse wird der Investor versuchen, in sektorspezifisches Humankapital solcher Branchen beziehungsweise Sektoren zu investieren, von denen er erwartet, daß sie zu den Gewinnern, zumindest aber nicht zu den Verlierern im Strukturwandel gehören und er deshalb ex post sein sektorspezifisches Humankapital nicht vorzeitig entgegen seinem Ex-ante-Investitionskalkül abschreiben muß.

Ex ante können nur vorhersehbare, erwartete Entwicklungen von Wachstumsraten oder strukturellen Veränderungen antizipiert werden. Solche vorhersehbaren gesamtwirtschaftlichen Entwicklungen sollen im folgenden nicht näher untersucht werden, da sie als Erweiterungen in individuelle Kosten-Ertrags-Kalküle zu integrieren sind.[268] Problematisch sind demgegenüber Auswirkungen von Veränderungen, die im vorhinein nicht kalkulierbar sind und vom Investor nicht vorhergesehen werden können. Der Investor kann sie nach seiner Humankapitalbildung nicht mehr antizipieren, da seine Investitionen für ihn in ihrem Niveau und ihrer spezifischen Verwendung nicht mehr rückholbar versunken sind. Analysegegenstand sollen daher diejenigen Wirkungen sein, die erst ex post und damit unvorhergesehen nach der Investitionsentscheidung eintreten. Sie sind in den individuellen Erwartungskalkülen unter Ungewißheit nicht integrierbar.

---

[268] Vgl. hierzu den *Abschnitt 3.4.*

Ergeben sich Ex-post-Änderungen in einer Situation unter Ungewißheit, nachdem die Humankapitalinvestition durchgeführt wurde, dann sind Änderungen im Investitionskalkül nicht mehr möglich, da die Humankapitalinvestitionen hinsichtlich ihrer Spezifitätsart bereits irreversibel festliegen. Der Investor muß in seinen Kalkülen nunmehr von den bereits versunkenen spezifischen Investitionen ausgehen. Der Investor kann im nachhinein nicht mehr flexibel auf die geänderten ökonomischen Rahmenbedingungen reagieren.

Ex-post-Wirkungsketten treten also auf, wenn bei einem sehr langfristigen Planungszeitraum die exogenen Einflußgrößen wie Veränderungen der gesamtwirtschaftlichen zukünftigen Wirtschaftsentwicklung durch technologische Entwicklungssprünge nicht prognostizierbar sind. Auch Strukturbrüche zum Beispiel durch angebotsseitige spezifische Produkt- und Prozeßinnovationen oder durch Veränderungen bei den Nachfragerpräferenzen für bestimmte Waren und Dienstleistungen können zu Beginn der Investitionsphase nicht erfaßt werden.

Beispielsweise hat die Einführung der Informationstechnologie durch elektronische Großrechner in den sechziger Jahren, der Personalcomputer in den achtziger Jahren und die globale Vernetzung durch das Internet in den neunziger Jahren unvorhersehbare allgemeine Wachstumsschübe und gleichzeitig eine explosiv gestiegene Nachfrage nach hochqualifiziertem spezifischem Humankapital für den Einsatz im Informationssektor gebracht.[269]

Dagegen waren die Unternehmen und die Beschäftigten der meisten Industrieländer durch die Erdölkrisen der siebziger Jahre speziell in energieintensiven Sektoren/Branchen einem nicht ex ante antizipierbaren exogenen Schock mit erheblichen strukturellen Problemen infolge von extremen Faktorpreiserhöhungen beim Produktionsfaktor Rohöl konfrontiert.[270] Der Einzelne, der als Investor in solches spezifisches Humankapital für die betroffenen Branchen

---

[269] Vgl. **Alic** (1997), S. 6 - 9.

[270] Vgl. **Gelb et al.** (1988), S. 3 - 13; vgl. auch **Mabro** (Hrsg.) (1986).

investiert hatte, konnte bei seiner Investitionsentscheidung eine solche branchenspezifische Preisentwicklung in seinem Ex-ante-Kalkül nicht berücksichtigen.

4.2.2 Einfluß gesamtwirtschaftlichen Wachstums auf das individuelle Humankapitalkalkül

Der Fall II einer wachsenden Wirtschaft soll nun in seiner Wirkung auf das individuelle Humankapital so interpretiert werden, daß es in der betrachteten Volkswirtschaft positives Wachstum ($w > 0$) bei einer invariablen Wirtschaftsstruktur gibt. Dieses Wachstum wurde nicht vollständig im Ex-ante-Kalkül des Investors berücksichtigt, sondern tritt, wie die Gleichung (19) zeigt, erst ex post zusätzlich zu erwarteten antizipierten Wachstumsprozessen als positiver unerwarteter Wachstumsschub nach der Investitionsentscheidung ein:

$$w_{ist} > w_{erw.} > 0. \qquad (19)$$

Die tatsächlich eintretende Wachstumsrate $W_{ist.}$ liegt durch unvorhergesehene exogene Wachstumsschübe höher als die erwartete Wachstumsrate $w_{erw.}$.

Die Entwicklung auf dem relevanten Arbeitsmarkt für das investierte Humankapital soll folgendermaßen angenommen werden: die Abbildung 15 zeigt graphisch die erwartete Situation auf dem Arbeitsmarkt für sektorspezifisches Humankapital. D^0_{Sp} zeigt den Arbeitsmarktgesamtnachfrageverlauf nach sektorspezifischem Humankapital, S_{Sp} das aggregierte Marktangebot an sektorspezifischem Humankapital.[271]

Der Investor geht ex ante von dieser erwarteten Gleichgewichtssituation auf dem Arbeitsmarkt bei einer Ertragslage im Gleichgewicht mit gebildetem Human-

---

[271] Vgl. auch die Ausführungen zu den potentiellen Entwicklungen auf dem Arbeitsmarkt für qualifiziertes Humankapital im vorangegangenen *Abschnitt 4.1.*

kapital von E^0 aus und investiert in sein individuelles Humankapital, indem er, wie in der Abbildung 15 dargestellt, seine direkten Investitionskosten und seine indirekten Opportunitätskosten in Form von entgangenen Erträgen während der Investitionsphase den zusätzlich erzielbaren Erträgen gegenüberstellt, bis sich eine für ihn optimale Investitionssituation über den Zeitablauf t eingestellt hat.

Abbildung 15:

Ertragseffekte durch gesamtwirtschaftliches Wachstum

Arbeitsmarkt für sektorspezifisches Humankapital bei unerwartetem Wachstum

Individuelle Zusatzerträge für Investoren in Humankapital aufgrund von Wachstum

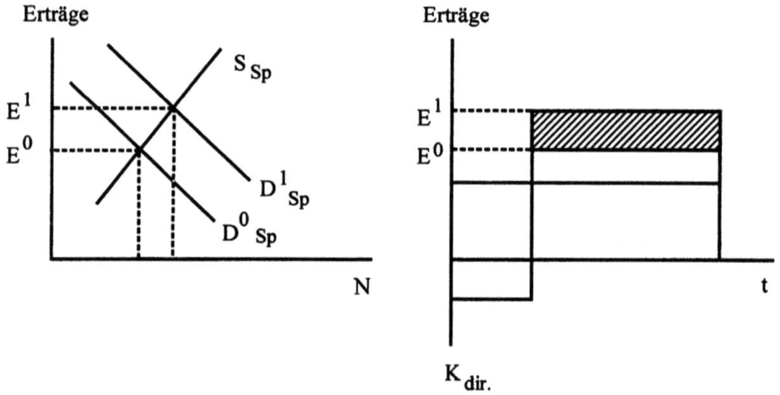

<u>Quelle</u>: eigene Abbildung in Anlehnung an **Rissiek** (1997b), S. 12.

Für den Fall II eines nicht antizipierten gleichmäßigen Wirtschaftswachstums ergibt sich ex post eine positive zusätzliche Ertragswirkung. Wegen der Annahme parallelen Wachstums in allen Sektoren der Volkswirtschaft steigt wachstumsbedingt auf allen strukturspezifischen Arbeitsmärkten die Nachfrage nach Humankapital an. In der Abbildung 15 verschiebt sich die Arbeitsmarktnachfrage D^0_{Sp} nach D^1_{Sp}, die Erträge aus der Bildung spezifischen Humankapitals steigen von E^0 auf E^1.

In der Abbildung 15 wirkt sich das veränderte Arbeitsmarktgleichgewicht auf die Summe der individuellen Erträge positiv aus. Das ex ante erwartete Ertragsniveau aus der Humankapitalinvestition für sektorspezifisches Humankapital E^0 steigt auf E^1, die Erträge steigen um die schraffierte Fläche. Die Lohndifferenzierung im Vergleich zu unqualifizierter Arbeit steigt.[272] In der Abbildung 15 setzen die zusätzlichen Wachstumswirkungen genau zu Beginn der Erwerbsphase ein. Setzt diese Wirkung zu einem späteren Zeitpunkt ein oder ist sie vor dem Ende der geplanten Erwerbsphase beendet, sind die Ertragszuwächse anteilig geringer, aber weiter positiv. Dazu kommen positive Mengenwirkungen dieser Nachfrageexpansion auf die Humankapitalgleichgewichtsmenge im neuen Gleichgewicht der Abbildung 15.

4.2.3 Einfluß von Strukturveränderungen auf das individuelle Humankapitalkalkül

Strukturwandel hat direkte Auswirkungen auf die spezifischen Arbeitsmärkte und in der Folge auf die individuelle Humankapitalbildung. Strukturänderungen beinhalten, daß die Anteile einiger Sektoren (oder der Branchen beziehungsweise Märkte) an der Gesamtzahl der nachgefragten spezifisch qualifizierten Beschäftigten steigt und die Anteile anderer sinkt.[273]

---

[272] Partizipieren auch die Anbieter von unqualifizierter Arbeit mit steigenden Basiserträgen an den Wachstumsprozessen, so verringert sich der relative Ertragsvorteil der Humankapitalinvestoren entsprechend.

[273] Zu den Strukturanpassungsprozessen auf verschiedenen Arbeitsmärkten vgl. **Flanagan, Kahn, Ehrenberg, Smith** (1989), S. 578 f., **Lucas** (1997), S. 208 - 211, **Freeman, Katz** (1991), **Velling, Binder** (1994); zur strukturellen Entwicklung der Arbeitsmärkte in der Bundesrepublik Deutschland vgl. **Klodt et al.** (1994), S. 200 - 214, **FitzRoy, Funke** (1995).

Strukturveränderungen können einerseits zur Schaffung von zusätzlicher Nachfrage nach spezifischem Humankapital in denjenigen Branchen beziehungsweise auf denjenigen Märkten, deren relativer Anteil am Gesamtoutput zunimmt, beitragen, andererseits aber zugleich auch zu einer Entwertung von strukturspezifischem Humankapital führen, und zwar in anderen Branchen/auf anderen Märkten, deren Anteil an der Gesamtproduktion relativ zurückgeht. Bei einer steigenden (sinkenden) Nachfrage nach branchen-/marktspezifischem Humankapital erhöht (vermindert) sich bei unverändertem Angebot der Marktpreis. Für das Individuum als Anbieter bedeutet dies einen Anstieg (Verfall) seines Marktwertes.

Verändert sich in einer stagnierenden Wirtschaft eine Wirtschaftsstruktur ohne Wachstum (Fall III der Abbildung 14), so wird es bei unterschiedlichem sektorspezifischem Humankapital der Wirtschaftssubjekte eindeutige Gewinner und Verlierer des Strukturwandels geben, die in der Ertragsphase zusätzliche Erträge erzielen oder Ertragsverluste erleiden. Diejenigen Investoren, die in ihr strukturspezifisches Humankapital in einem Sektor der Volkswirtschaft investiert haben, dessen relativer Anteil am Output steigt, können zusätzlich zu ihren im Kalkül erwarteten weitere positive Erträge analog zu den Wachstumswirkungen des Falls 2 erwarten, während diejenigen, die in Humankapital in einem Sektor der Volkswirtschaft investiert haben, dessen Outputanteil sinkt, nur niedrigere als die erwarteten Erträge erhalten. Ihre Investitionsentscheidung hat sich ex post als weniger rentabel erwiesen als von ihnen ex ante erwartet. Ihr gebildetes sektorspezifisches Kapital hat sich in diesem Fall für sie als eine Fehlinvestition mit niedrigeren Renditen herausgestellt und muß zumindest teilweise vorzeitig abgeschrieben werden.

Da aber im vorhinein den Wirtschaftssubjekten bei Ungewißheit nicht bekannt ist, welche Sektoren wachsen oder schrumpfen werden beziehungsweise mit welcher Intensität und in welche Richtung die Wirtschaftsstruktur sich verändern wird, können sie solchen unvorhergesehenen Strukturverschiebungen nicht rechtzeitig ex ante durch Investitionsumschichtungen ausweichen.

Bezüglich der strukturellen Änderungen der mengenmäßigen Nachfrage nach dem Faktor Humankapital lassen sich zwei Grundtypen von Strukturänderungen, wie bereits oben erläutert, unterscheiden: erstens können sich Veränderungen der Struktur innerhalb des Produktionsfaktors Humankapital HK, bei einem weiter konstanten Anteil des Sachkapitals mit SK = const., ergeben. Hierdurch kommt es dann ausschließlich zu Umverteilungen innerhalb des Produktionsfaktors Humankapital.

Zweitens kann es zu einer Substitution der beiden Produktionsfaktoren untereinander kommen, das heißt Strukturverschiebungen zwischen den Produktionsfaktoren von Sach- zu Humankapital oder vice versa. Eine Verschiebung der Faktornachfrage in Richtung Sachkapital verstärkt die negative Wirkung auf die einzelnen Arten strukturspezifischen Humankapitals, eine Anteilsausweitung des Produktionsfaktors Humankapital führt im Saldo zwischen Bereichen mit steigender und fallender Nachfrage insgesamt zu positiven Wirkungen auf die Erträge aus dem vorhandenen individuellen Humankapital.

Beispielhaft sollen zwei Arten sektorspezifischen Humankapitals HK_{Sp1} und $HK_{Sp\,2}$ einander gegenübergestellt werden, wobei sich die Nachfrage nach HK_{Sp1} relativ an der Gesamtnachfrage ausdehnt, während die Nachfrage nach HK_{Sp2} zugleich an relativem Gewicht verliert. Alle anderen Anteilswerte sollen als unverändert angenommen werden. Es herrscht eine volkswirtschaftliche Situation mit Nullwachstum. Die Abbildung 16 zeigt die Nachfrageausweitung auf dem Arbeitsmarkt für sektorspezifisches Humankapital der Spezifität HK_{Sp1} von $D^0{}_{Sp1}$ nach $D^1{}_{Sp1}$ und den gleichzeitigen Nachfragerückgang nach dem spezifischen Humankapital HK_{Sp2} von $D^0{}_{Sp2}$ auf $D^1{}_{Sp2}$.[274]

---

[274] Vgl. **Flanagan, Kahn, Smith, Ehrenberg** (1989), S. 578 f.

Abbildung 16:

Struktureffekte bei spezifischem Humankapital

Teilarbeitsmärkte für sektorspezifisches Humankapital bei Strukturwandel

Auswirkungen auf individuelle Humankapitalkalküle bei sektorspezifischen Investitionen

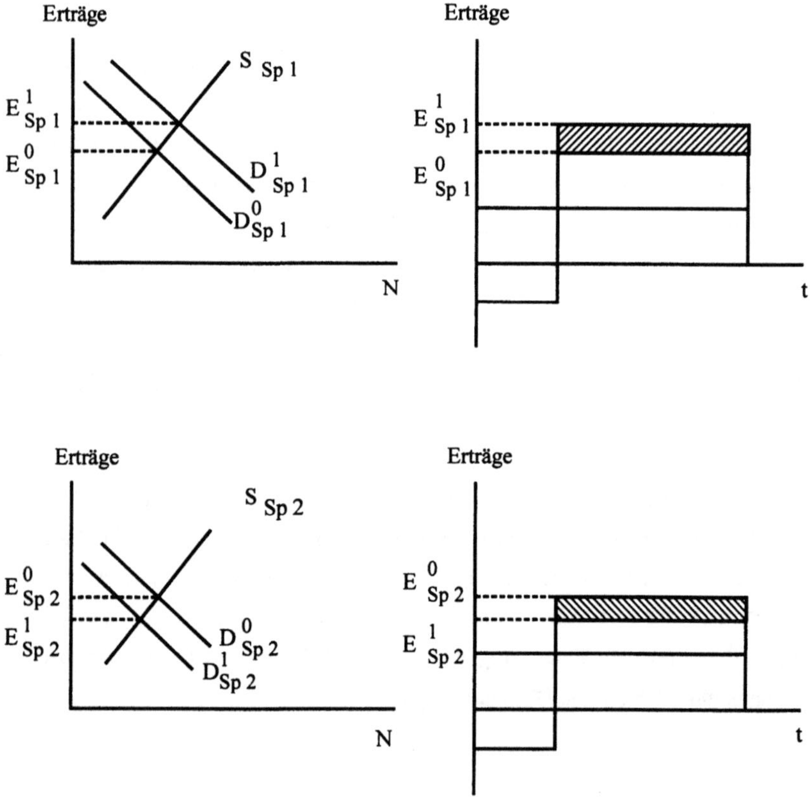

Quelle: eigene Abbildung in Anlehnung an **Rissiek** (1997b), S. 15.

Die expansiven Ertragswirkungen analog zu der Abbildung 15 finden jetzt nicht mehr global in allen Sektoren der Volkswirtschaft statt, sondern nur in einem bestimmten Sektor mit sektorspezifischem Humankapital, der in Form der Nachfrageausweitung von D^0_{Sp1} nach D^1_{Sp1} durch die Strukturveränderung profitiert, während ein anderer Sektor Rückgänge der Erträge aus dem spezifischen Humankapital verzeichnet. Dieser Ertragsverfall ist in der Abbildung 16 bedingt durch den Nachfragerückgang von D^0_{Sp2} auf D^1_{Sp2}.

Änderungen auf den Teilarbeitsmärkten spiegeln sich in den individuellen Ertragssituationen der Investoren wider. Die Abbildung 16 bildet die individuellen Kosten-Ertrags-Verläufe für die beiden jeweiligen Investitionen ab. Die Investoren, die in HK_{Sp1} investiert haben, realisieren zusätzliche Erträge durch die ex post eingetretene Ertragssteigerung von E^0_{Sp1} auf E^1_{Sp1}, während Investoren, die in HK_{Sp2} investiert haben, Rückgänge bei den Erträgen hinnehmen müssen, ihre Erträge sinken von E^0_{Sp2} auf E^1_{Sp2}.

Verändert sich die Produktionsstruktur ceteris paribus in Richtung einer humankapitalintensiveren Produktion mit einer strukturellen Faktoranteilsverschiebung vom Sach- zum Humankapital, so ist der Nachfragerückgang in HK_{Sp2} geringer als der Zuwachs in HK_{Sp1}. Die Anteilssteigerung auf dem Arbeitsmarkt für HK_{Sp1} wird nicht mehr vollständig durch Rückgänge bei HK_{Sp1} kompensiert, sondern auch durch einen Anteilsverlust des Produktionsfaktors Sachkapital SK. Als Grenzfall führt der Strukturzuwachs beim strukturspezifischen Humankapital ausschließlich zu Anteilsrückgängen beim Sachkapital, anderes strukturspezifisches Humankapital bliebe hiervon unberührt.

Aus diesem theoretischen Überlegungen lassen sich mehrere Schlußfolgerungen ziehen. Es ist, wie oben dargestellt, demnach auch bei Stagnation ohne Wachstum denkbar, daß sich unerwartete positive Ertragssteigerungen (und eventuell gesamtwirtschaftlich auch positive Beschäftigungswirkungen) auf Märkten für spezifisches Humankapital infolge von Strukturbrüchen in der Gesamtwirtschaft bei zugleich auftrenden Ertrags- und Nachfragerückgängen in anderen Bereichen realisieren lassen. Das ist allerdings nur für solche Volkswirtschaften wahrscheinlich, in denen es in einer Situation des Strukturwandels bei Stagnation eine starke Tendenz hin zu einer humankapitalintensiveren Produktionsweise gibt, und zwar bei gleichzeitigem Rückgang der Produktion in den Sektoren mit hoher Sachkapitalintensität.

4.2.4 Diskussion der gesamtwirtschaftlichen Wirkungen

In realen Volkswirtschaften finden die gesamtwirtschaftlichen Phänomene Wachstum und Strukturänderungen parallel statt und wirken als exogene Einflußfaktoren gleichzeitig auf das individuelle Humankapitalinvestitionskalkül ein. Diese Situation einer dynamischen Volkswirtschaft ist in dem Fall IV der Abbildung 14 als einer Kombination von Wachstum und instabiler Struktur beschrieben. Es gibt potentiell gleichzeitig sowohl allgemeines Wachstum aller Produktionsfaktoren mit Niveausteigerungen als auch Strukturverschiebungen innerhalb des strukturspezifischen Humankapitals und/oder Anteilsverschiebungen zwischen den beiden analysierten Produktionsfaktoren Sachkapital und Humankapital. Die Gesamtwirkung dieser Wachstums- und Struktureffekte auf die Märkte für sektorspezifisches Humankapital und damit auch das individuelle Humankapitalkalkül ist zunächst indeterminiert und hängt von der relativen Stärke der Effekte im Verhältnis zueinander ab.

Starkes Wachstum mit einer hohen Produktivitätssteigerung aller Produktionsfaktoren kann auch denjenigen Sektoren einer Wirtschaft zugute kommen, deren relativer Mengenanteil am Faktoreinsatz der Gesamtproduktion zurückgeht, die aber dennoch im Wachstumsprozeß anteilig ihre Faktorpreise erhöhen und so ihre absolute Position halten können. Für den individuellen Investor in strukturspezifisches Humankapital kann es daher eventuell zu einem Ausgleich von strukturellen Nachteilen in stagnierenden Branchen durch allgemeine Wachstumsprozesse kommen, so daß die strukturbedingten Ertragseinbußen durch gesamtwirtschaftliches Wachstum kompensiert werden könnten. Der individuelle

Saldo in der Ertragsphase aus den beiden gegenläufigen Entwicklungen kann dann positiv sein, zumindest aber muß das sektorspezifische Kapital trotz Strukturwandels unter diesen Umständen nicht vorzeitig in der Erwerbsphase abgeschrieben werden. Bei hohen Wachstumsraten dominiert der Wachstumseffekt tendenziell den Struktureffekt.

Bei einer anhaltenden Wachstumsschwäche in einer Volkswirtschaft wirken sich derartige Strukturumbrüche entsprechend gravierend mit negativer Wirkung auf die Rentabilität von Humankapitalinvestitionen aus. Der Struktureffekt mit seinen negativen Wirkungen auf bestimmtes sektorspezifisches Humankapital dominiert dann den nur sehr schwachen Wachstumseffekt. Bei Nullwachstum oder sogar negativen Wachstumsraten verschärft sich entsprechend die negative Wirkung des Struktureffekts für die betroffenen Sektoren (beziehungsweise Branchen oder Märkte).

Demgegenüber kann sich eine positive Ertragsentwicklung für die Humankapitalinvestoren aus einer Strukturveränderung zwischen den Produktionsfaktoren ergeben. Bei einer Substitution von einer sachkapitalintensiven Produktionsweise zu einer stärker humankapitalintensiven Produktion sind die Humankapitalinvestoren diejenigen, die von dieser Strukturentwicklung profitieren. Eine solche Entwicklungstendenz läßt sich für den Übergangstrend von Industriegesellschaften mit hohem Sachkapitaleinsatz zu Dienstleistungsgesellschaften mit starkem Einsatz des individuellen, insbesondere des hochspezifischen und hochqualifizierten Humankapitals vermuten. Durch einen solchen positiven Struktureffekt in Richtung einer zunehmend humankapitalintensiven Produktion, eventuell verstärkt durch allgemeine Wachstumsimpulse, können in Sektoren mit hoher Humankapitalintensität auch neue Arbeitsplätze geschaffen werden.[275]

---

[275] Vgl. auch **Peters** (1996), S. 46 f.; PETERS argumentiert mit der These, daß die tendenziell zu beobachtende Entwicklung in Richtung Dienstleistungsgesellschaft in manchen Volkswirtschaften noch durch expandierende Wachstumsindustrien verdeckt bleibt oder verzögert wird.

Bei massiven Struktureinbrüchen erfolgt eine starke Entwertung von bestimmten Arten strukturspezifischen Humankapitals. Auf den davon betroffenen Märkten für strukturspezifisches Humankapital kommt es bei strukturellen Nachfrageeinbrüchen unter Umständen in den betroffenen Sektoren nicht nur zu strukturinduzierten Ertragseinbußen. Bei starkem Nachfragerückgang nach strukturspezifischem Humankapital werden die Anpassungsreaktionen auf dem Arbeitsmarkt über Ertragsabschläge für die Anbieter hinausgehen. Es werden auch Entlassungen erfolgen, und es kommt in der Folge zu struktureller Arbeitslosigkeit in dem jeweiligen Sektor. Der betroffene Investor muß dann sein gesamtes strukturspezifisches Humankapital sofort und aller Voraussicht nach für die gesamte Erwerbsphase abschreiben, da er dieses Kapital bei einem Arbeitsplatzwechsel in einen anderen volkswirtschaftlichen Sektor nicht mehr produktiv einsetzen kann.

Dazu kommen eventuell weitere direkte und indirekte Kosten für den dann erforderlichen Aufbau neuen spezifischen Humankapitals nach einer Entlassung. Das heißt, daß zusätzlich zu dem negativen Ertragseffekt bei struktureller Arbeitslosigkeit spezifisches Humankapital sofort dauerhaft abgeschrieben werden muß, denn nicht genutztes Arbeitskräftepotential geht aus individueller und auch volkswirtschaftlicher Sicht unwiederbringlich im Zeitablauf verloren.[276] Vorhandenes menschliches Entwicklungspotential in einer Volkswirtschaft wird nach der Investitionsphase nicht genutzt.

Bei langfristig hohen Wachstumsraten in Sektoren werden die Anpassungsprozesse nicht nur über Ertragssteigerungen für die Gewinner des Strukturwandels ablaufen, sondern die hohen Erträge werden zeitlich verzögert zu einem Zustrom von neuen Investoren in das benötigte Humankapital führen. Durch diese neuen Investoren wird das sektorale Kapitalangebot ausgeweitet und die sektoralen

---

[276] Vgl. **Thoss** (1984), S. 23.

Erträge erodieren bis sich durch Lohnanpassung eine neue quantitative Gleichgewichtssituation auf einem niedrigeren Niveau einstellt.[277]

Die Relevanz der gesamten vorgestellten Problematik für das einzelwirtschaftliche individuelle Humankapitalinvestitionskalkül hängt von der relativen Bedeutung der betrachteten Größen wie Sektoren, Branchen oder Märkten, in denen unterschiedlich spezifisches Humankapital benötigt wird, ab. Investoren bilden nicht ausschließlich allgemeines oder ausschließlich das hier untersuchte hochspezifische Humankapital. Für tatsächliche Produktionsprozesse müssen die Individuen eine Mischung aus relativ allgemeinem und verschiedenem spezifischen, auch struktur- beziehungsweise sektorspezifischem Kapital, bilden, um ihre Produktivität in den Unternehmen zu erhöhen. Je höher der Anteil von hoch strukturspezifischem Humankapital in einer Volkswirtschaft ist, desto bedeutender sind die oben analysierten Probleme, die durch Strukturveränderungen hervorgerufen werden können.

Damit zeigt sich, daß bei hochspezifischem Humankapital und nicht antizipierbaren volkswirtschaftlichen Veränderungen, wie überraschend ex post eintretendem Wirtschaftswachstum mit Strukturverschiebungen auf der makro- beziehungsweise mesoökonomischen Ebene, die entscheidungsrelevanten Investitionsvorgaben und insbesondere die zu erwartenden Investitionsrückflüsse in zukünftigen Perioden bei einer sehr langfristigen Betrachtungsweise nicht eindeutig bestimmbar sind. Die Ergebnisse des einfachen Humankapitalinvestitionsmodells erscheinen in diesem Zusammenhang nicht immer überzeugend[278] gegenüber Änderungen der skizzierten Ex-post-Einflußfaktoren, die in einer rein einzelwirtschaftlichen Betrachtung nicht adäquat erfaßt werden können.

---

277 Vgl. **Freeman** (1979), S. 44 - 46, **Reynolds, Masters, Moser** (1991), S. 99 f.

278 Vgl. auch **Weiss** (1986), S. 638.

5 Staatliche Einflüsse auf das individuelle Humankapitalkalkül

Zusätzlich zu den im vorangegangenen Kapitel 4 analysierten Anpassungsprozessen auf dem Arbeitsmarkt für individuell gebildetes Humankapital und dynamischen gesamtwirtschaftlichen Prozessen kann auch von staatlichen Eingriffen eine massive, teilweise über alle anderen Einflußgrößen hinausgehende und diese möglicherweise überlagernde Wirkung auf den erwarteten Gegenwartswert von Humankapitalinvestitionen auftreten. Der Staatssektor und seine Tätigkeiten bilden demnach eine zentrale, nicht zu vernachlässigende Einflußgröße bei der Untersuchung der individuellen Humankapitalbildung und -nutzung.

In diesem fünften Kapitel wird zunächst in Abschnitt 5.1 im Überblick aufgezeigt, durch welche verschiedenen Arten der Staat auf der Kosten- wie auf der Ertragsseite auf das Individualkalkül in seinen Phasen Einfluß nehmen kann und wie sich derartige Eingriffe im einzelnen auf die Vorteilhaftigkeit des privaten individuellen Humankapitalkalküls auswirken. Anschließend werden die potentiellen Staatseingriffe sowohl während der Investitionsphase als auch während der Erwerbsphase genauer analysiert und kritisiert.

In der Investitionsphase finden regelmäßig Eingriffe in Form einer Subventionierung der Humankapitalbildung durch staatliche Institutionen statt, deren Begründungen in direktem Zusammenhang mit den allgemeinen und spezifischen Humankapitalinvestitionen stehen. Diese unmittelbar auf die Beeinflussung der Humankapitalinvestitionen zielenden Subventionen und ihre allokativen Begründungen werden in Abschnitt 5.2 in einem erweiterten Humankapitalinvestitionsmodell im einzelnen analysiert. Aber auch durch diverse andere Maßnahmen während der Investitions- und der Erwerbsphase beeinflußt der Staat über deren

Ausgestaltung die Rentabilitätshöhe sowohl von unqualifizierten als auch von qualifizierten Beschäftigungsverhältnissen. Mit diesen unterschiedlichen Staatseinflüssen und ihren Wirkungen auf die arbeitsmarktliche Verteilungsrelation setzt sich der Abschnitt 5.3 auseinander. Wirtschaftspolitische Staatseingriffe werden abschließend kritisch hinsichtlich ihrer Eignung und ihrer weitergehenden Folgen auf das Individualkalkül in Abschnitt 5.4 diskutiert.

5.1 Möglichkeiten staatlicher Einflußnahme auf das individuelle Humankapitalkalkül

Die Eingriffsinstrumente des Staates zur Beeinflussung des individuellen Entscheidungskalküls über Humankapitalinvestitionen sind in ihren Ausgestaltungsvarianten auf der Kosten- wie auf der Ertragsseite vielfältig[279] und in ihrer Gesamtwirkungsrichtung zunächst unbestimmt. In diesem Abschnitt werden typische staatliche Eingriffe und deren Auswirkungen bei den Humankapitalinvestitionen systematisch dargelegt.

Staatliche Aktivitäten können sowohl positive wie auch negative Wirkungen einerseits auf die individuellen direkten und indirekten Kostenblöcke wie andererseits auf die individuellen Erträge der Humankapitalbildung haben. Die Abbildung 17 veranschaulicht graphisch die Wirkung potentieller Eingriffe in das individuelle Investitionsvorhaben.[280]

---

[279] Zu den diversen Eingriffsmöglichkeiten staatlicher Wirtschaftspolitik in die Humankapitalbildung aus einer finanzwissenschaftlichen Sichtweise vgl. im Überblick **Helmes** (1996).

[280] Vgl. die *Abbildung (8)* und die *Abbildung (9)* in *Gliederungspunkt 3.1.3* und die *Abbildung (10)* in *Abschnitt 3.4*.

Abbildung 17:

Potentielle Wirkungen von Staatseingriffen auf individuelle Kosten und Erträge

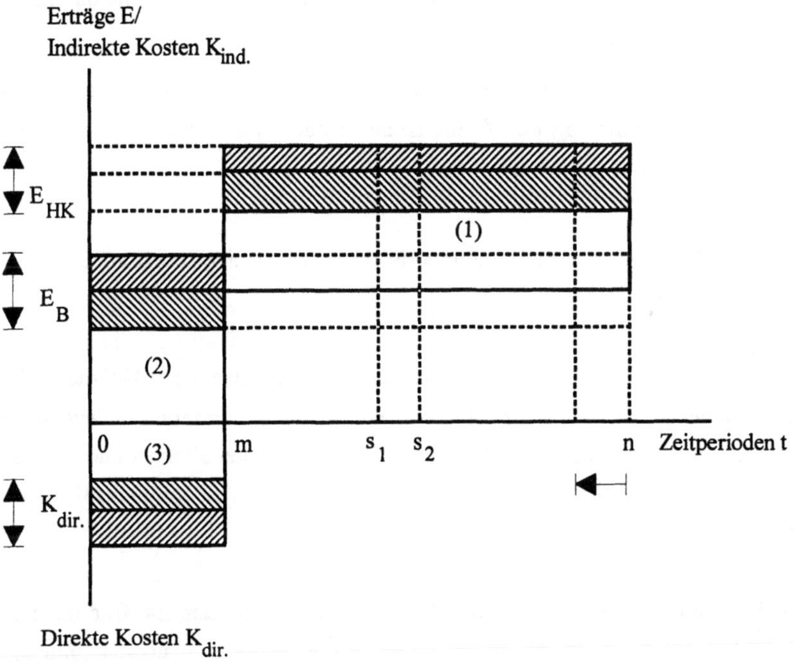

Quelle: eigene Abbildung.

Je nach ihrer konkreten Ausprägung verändern diese staatlichen Aktivitäten das Individualkalkül in seiner Vorteilhaftigkeit auf unterschiedliche Weise, sie können

- bei den zusätzlichen Erträgen der Humankapitalnutzung der Fläche (1),
- bei den indirekten Kosten der Fläche (2),
- bei den direkten Kosten der Fläche (3),
- bei der Variation der Basiserträge E_B aus einer Tätigkeit ohne qualifizierende Humankapitalbildung sowie
- bei der Dauer der Erwerbsphase im Investitionskalkül durch eine erzwungene Verkürzung des Zeithorizonts n oder einer Unterbrechungsphase von Periode s_1 bis Periode s_2

ansetzen. Diese Staatseingriffe können isoliert oder in diversen Kombinationen eingesetzt werden.

Die Abbildung 18 gibt einen Überblick über typische staatliche Aktivitäten im Zusammenhang mit Humankapitalbildung und -nutzung. Sie zeigt ihre jeweiligen unmittelbaren Auswirkungen auf die privat[281] zu tragenden direkten und indirekten Kosten sowie auf die privaten Erträge aus individuellen Humankapitalinvestitionen.

Die kostenlose Bereitstellung von Humankapitalinfrastruktur für Bildung und Ausbildung ist eine Subvention der direkten Kosten der Humankapitalbildung. Durch staatlich getragene und finanzierte allgemeinbildende und berufsvorbereitende Schulen, Hochschulen sowie wissenschaftlichen Bibliotheken sinken die direkten Kosten, die vom Investor zu tragen sind. Die privaten direkten Kosten aus Studiengebühren für die Inanspruchnahme von Humankapitalinfrastruktur an Universitäten und Fachhochschulen entfallen bei kostenloser Bereitstellung in staatlicher Trägerschaft.

---

[281] Als private -in Abgrenzung zu staatlichen- Größen werden im folgenden diejenigen Kosten und Erträge aus Humankapitalinvestitionsvorhaben bezeichnet, die vom Individuum getragen werden.

Abbildung 18:

Staatliche Aktivitäten und ihre Wirkungen auf das individuelle Humankapitalkalkül im Überblick

Staatliche Aktivität	**Wirkung im Individualkalkül**		
	auf die direkten Kosten ($K_{dir.}$)	auf die indirekten Kosten ($K_{ind.}$)	auf die Humankapitalerträge (E_{HK})
Bereitstellung von Humankapitalinfrastruktur	ja	nein	nein
Monetäre Subventionen der Humankapitalbildung	in der Regel nein	ja	nein
Besteuerung der Erträge aus einem Beschäftigungsverhältnis	nein	ja	ja
Mindestlöhne für Basiserträge	nein	ja	nein
Beschränkung der Erwerbsdauer	nein	nein	ja

<u>Quelle</u>: eigene Abbildung.

Die privat zu tragenden indirekten Kosten in Form entgangener Erträge sinken in Abhängigkeit von Ausgestaltung und Höhe staatlicher Transfers an Individuen während der Investitionsphase. Hohe monetäre staatliche Subventionen während der Phase der Humankapitalbildung an die Investoren verringern für den Einzelnen diese indirekten Investitionskosten. Staatliche Subventionen in Form monetärer Transferzahlungen oder zinsgünstiger langfristiger Ausbildungskredite können zwar auch zur Abdeckung der direkten Kosten verwendet werden, zum Beispiel zur Zahlung von Studiengebühren bei der Deckung der direkten Investitionskosten an weiterführenden privat getragenen Bildungsinstitutionen. Sie dienen aber in der Regel vorrangig zum Ausgleich der entgangenen Erträge.

Wird die gesamte Humankapitalinfrastruktur von staatlichen Institutionen vollständig und kostenlos bereitgestellt, entfallen die privaten direkten Kosten in ihrer gesamten Höhe und zusätzliche monetäre staatliche Transfers verringern ausschließlich die indirekten Kosten der Humankapitalinvestition.

Staatliche Eingriffe beeinflussen aber nicht nur die Kostengrößen, sondern auch die Ertragsströme. Veränderungen der individuellen Erträge resultieren unter anderem aus der Ausgestaltung der Besteuerung von Erträgen aus der Humankapitalbildung und der Basiserträge.

So kann, wie nachfolgend in Abschnitt 5.3 gezeigt wird, eine stark unterschiedliche Behandlung von individuellen Ertragsverläufen mit und ohne Humankapitalinvestitionstätigkeit im Zeitablauf in der Art und Ausgestaltung der Besteuerung zu Ungleichgewichten führen. Weiter kann der Staat über Mindestlöhne in die Festsetzung der Basiserträge eingreifen und so die Opportunitätskosten der Humankapitalbildung verändern.

Der Staat kann weiter über die Beschränkung der Dauer der Erwerbsphase Einfluß auf das Kalkül nehmen. Wenn der Staat das Ende der Erwerbsphase oder Zwangsunterbrechungen festlegt, entgehen dem Individuum durch diese Zwangsmaßnahme unter Umständen Erträge, da Erwerbsperioden entfallen.

Das zentrale staatliche Lenkungsinstrument zur Beeinflussung der Humankapitalinvestitionstätigkeit sind Subventionen, die der Staat als Subventionsgeber an Humankapitalinvestoren als Subventionsempfänger leistet. Da Humankapitalsubventionen unmittelbar auf die Beeinflussung der Humankapitalinvestitionstätigkeit des Einzelnen ausgerichtet sind, bilden sie einen Analyseschwerpunkt und werden in Abschnitt 5.2 hinsichtlich ihrer Begründung und Wirkung eingehend behandelt. Die weiteren in diesem Abschnitt angesprochenen staatlichen Aktivitäten werden in Abschnitt 5.3 diskutiert.

5.2 Begründung und Wirkung staatlicher Subventionierung der individuellen Humankapitalinvestitionen während der Investitionsphase

Staatliche Interventionen in Form von Subventionierung[282] werden regelmäßig mit Marktunvollkommenheiten bei der privaten Humankapitalbildung der Individuen begründet.[283] Ausgangspunkt der bisherigen Argumentation dieser Arbeit ist das theoretische Basishumankapitalmodell mit einem individuellen Kosten-Ertrags-Kalkül. Im bisher modellierten Ansatz werden unter der impliziten Annahme perfekter Märkte alle Kosten und Erträge privat allein vom Investor getragen, so daß die Finanzierung bei einem gegebenen Marktzinssatz zu optimalen Ergebnissen führt. Das Individuum investiert solange in zusätzliches allgemeines oder spezifisches Humankapital, bis die interne Verzinsung bis auf den Marktzinssatz zurückgegangen ist.[284]

---

282 Vgl. **Rosigkeit, Schnabel** (1995), S. 542 - 544.

283 Vgl. die Diskussion von Humankapitalsubventionen bei **Hartog** (1984), **Johnson** (1984).

284 Vgl. dazu die Ausführungen unter *Gliederungspunkt 2.4.2*, insbesondere die Darstellung der sinkenden internen Rentabilität aus dem Entscheidungskalkül bis auf den Marktzinssatz in der *Abbildung 3*.

Subventionen bei individuellen Humankapitalinvestitionen sind für eine Modellierung unter solchen strikten Bedingungen, wie in dem Gliederungspunkt 5.2.1 gezeigt wird, nicht zu begründen, sondern sie führen immer zu Überinvestitionen in Humankapital, sie verzerren das private individuelle Entscheidungskalkül.

Begründungen für Subventionen gehen von Unvollkommenheiten bei der Humankapitalbildung aus,[285] die in dem einfachen Humankapitalmodell keine Berücksichtigung finden. Im folgenden werden die -in dieser Arbeit bisher implizit unterstellten- restriktiven Annahmen des Humankapitalansatzes eines perfekten Kapitalmarkts, homogene familiäre Vermögensverhältnisse und die Abwesenheit von externen Effekten teilweise aufgehoben sowie die Wirkungen dieser Änderungen in den Annahmen betrachtet. Eine wichtige Begründung für staatliche Subventionen sind Ungewißheiten. Dazu wird die Problematik der Ungewißheit in individuellen Entscheidungskalkülen des Abschnitts 3.4 erneut aufgegriffen.

In den Gliederungspunkten 5.2.2 bis 5.2.4 wird gezeigt, daß Humankapitalsubventionen unter bestimmten theoretischen Bedingungen geeignet sein können, Ungleichgewichte bei der Humankapitalbildung auszugleichen und so in einer Volkswirtschaft effizienzsteigernd zu wirken.[286] Daß diese Subventionsbegründungen dennoch nicht ohne Probleme sind, zeigt die abschließende Kritik der Staatseingriffe in Abschnitt 5.4.

---

[285] Vgl. dazu grundlegend **Friedman** (1955), **Friedman** unter Mitarbeit von **Friedman** (1962), S. 85 - 107, **Arrow** (1993).

[286] Zu der Argumentationslinie in den folgenden Gliederungspunkten vgl. **Rissiek** (1996), **Rissiek** (1997a).

5.2.1 Staatliche Subventionen im einfachen Humankapitalmodell

Ausgangspunkt für die Analyse staatlicher Subventionierungen ist das Basisinvestitionsmodell der Humankapitalbildung.[287] Diese Argumentation geht davon aus, daß die Individuen die Investitionskosten selbst tragen und sich die Erträge ausschließlich privat aneignen.[288] Sie erhalten also keine Subventionen und zahlen keine Steuern. Es handelt sich um ein rein privatwirtschaftliches Modell ohne Staatstätigkeit irgendwelcher Form.[289] Die Vorteilhaftigkeit eines privaten Humankapitalkalküls ist bestimmt durch den Gegenwartswert beziehungsweise die Höhe der internen Verzinsung einer Investition.

Der Einfluß der Höhe der gewünschten internen Verzinsung auf das Volumen der gesamten Humankapitalinvestitionen läßt sich graphisch für Angebots- und Nachfragekurven der Humankapitalinvestitionen veranschaulichen. Die Höhe der internen Verzinsung r einer Humankapitalinvestition ist in der Abbildung 19 in Abhängigkeit von der Höhe der gesamten Ausgaben für die individuelle Humankapitalbildung H, gemessen in Geldeinheiten, dargestellt. Diese Grenzertragskurve hat einen fallenden Verlauf. Die Abbildung 19 zeigt die fallende Kurve D D als graphische Darstellung der individuellen Nachfrage nach Humankapital infolge der sinkenden Grenzerträge.

Humankapitalinvestitionen müssen finanziert werden. Bestünden keine Opportunitätskosten der Finanzierung von Humankapital in Form von Marktzinsen, so stiege die Summe der Humankapitalausgaben H bis zu dem Punkt, an dem die interne Verzinsung der Grenzinvestition in Humankapital auf Null sinkt. In der Abbildung 19 beträgt in einer Situation ohne jegliche Finanzierungskosten die

---

287 Vgl. *Abschnitt 2.1* und *Abschnitt 2.4*.

288 Vgl. auch **Smith** (1994), S. 75.

289 Auch die Beteiligung an bestimmten spezifischen Humankapitalinvestitionskosten durch die Unternehmen als Nachfrager auf dem Arbeitsmarkt ist eine rein privatwirtschaftliche Aktivität, die sich in das individuelle Entscheidungskalkül integrieren läßt, vgl. dazu den *Gliederungspunkt 4.1.3*.

Summe der Humankapitalausgaben $H_{max.}$ mit einer marginalen internen Verzinsung gleich Null. Bei einer weiteren Ausdehnung der Investitionstätigkeit würde die marginale Investitionsrendite in den negativen Bereich fallen; daher unterbleiben solche Humankapitalinvestitionen in jedem Fall.

Humankapitalinvestitionen konkurrieren mit Sachkapitalinvestitionen. Ist die erzielbare Rendite bei alternativen Real- oder Finanzkapitalinvestitionen höher, wird von rational handelnden Individuen auf diesen Märkten und nicht in weiteres Humankapital investiert. Bei perfekten Kapitalmärkten mit einem Marktzinssatz von i_p* investiert ein Individuum genau so lange in sein Humankapital, bis die Rendite r auf die marginale interne Verzinsung r_p* gesunken ist und einem gegebenen, konstanten Kapitalmarktzinssatz i_p* entspricht.

Auf einem perfekten Kapitalmarkt ist die Finanzierung aller Humankapitalinvestitionen zu diesem einheitlichen Zinssatz i_p*, der vom quantitativen Umfang des individuellen Kapitalbedarfs vollständig unabhängig ist, möglich. Die Grenzkostenkurve der Finanzierung von Humankapitalinvestitionen S_p S_p verläuft horizontal. In der Abbildung 19 ergibt sich als Gleichgewichtspunkt $r_p^* = i_p^* / H_p^*$. Dieser Punkt zeigt das optimale Humankapitalinvestitionsvolumen unter der Annahme perfekt funktionierender Märkte. Bis H_p* besteht eine Situation mit Unterinvestition und Renditen über dem Marktzinssatz, bei Ausgaben größer als H_p* sind Investitionen in Humankapital weniger rentabel als Alternativinvestitionen zum Marktzinssatz.

Im einfachen theoretischen Humankapitalinvestitionsmodell lassen sich demnach staatliche Subventionen nicht begründen. Alle individuellen Investitionsvorhaben können über einen perfekt funktionierenden Kapitalmarkt finanziert werden. In der Volkswirtschaft kommt es diesbezüglich zu einer effizienten Ressourcenallokation zwischen Sach- und Humankapital.

Wird in dieser Ausgangsgleichgewichtssituation des Modells subventioniert, so kommt es in jedem Fall zu volkswirtschaftlich unerwünschten Überinvestitionen.

Es würde in Projekte investiert werden, deren Rendite unter dem realisierbaren Marktzinssatz liegen.

Abbildung 19:
Individuelles Kalkül bei perfektem Kapitalmarkt

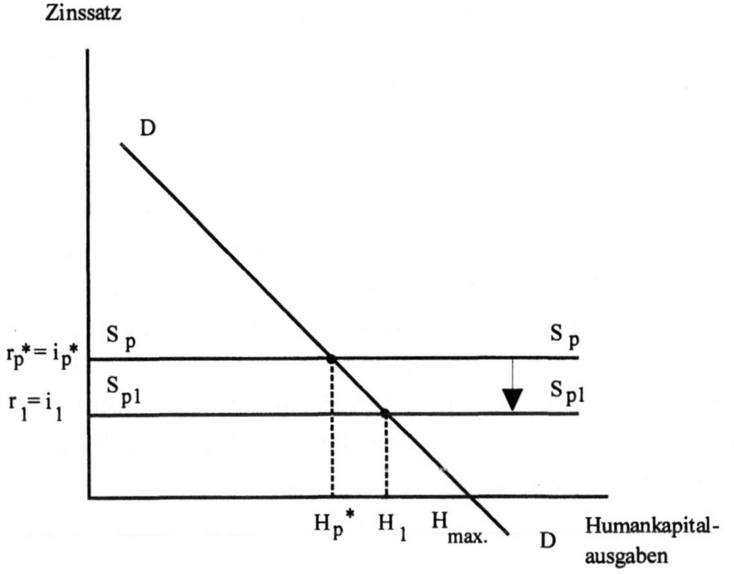

Quelle: eigene Abbildung.

Werden staatliche Subventionen zum Beispiel als Darlehen zu dem Zinssatz i_1 unterhalb des Marktzinssatzes i_p* vergeben, so sinkt die Kurve der Finanzierungskosten aus der Sicht der Individuen von S_p S_p auf S_{p1} S_{p1}. Die Humankapitalausgaben in der Abbildung 19 steigen bis zu dem Punkt r_1 / H_1. In diesem Punkt beträgt die interne Investitionsverzinsung für Humankapital $r_1 < i_p^*$, das heißt, es besteht aus volkswirtschaftlicher Sicht eine Überinvestition zugunsten des Produktionsfaktors Humankapital, die aus einzelwirtschaftlicher Sicht allein durch die staatliche Subventionierung rentabel geworden ist. Gesamtwirtschaftlich liegt ein ungerechtfertigter Allokationseingriff zugunsten von Human- gegenüber Sachkapital vor. Für diesen theoretischen Modellfall läßt sich die Berechtigung von staatlichen Subventionen der individuellen Humankapitalbildung eindeutig verneinen.

Der vorangegangenen Argumentationslinie stehen aber diverse Begründungen zur Subventionierung des Faktors Humankapital bei Marktunvollkommenheiten gegenüber.[290] Diese Subventionsbegründungen werden im folgenden zweiten Abschnitt als Modellerweiterungen analysiert. Ausgangspunkt der folgenden Argumentation bleibt das Humankapitalinvestitionsmodell auf individueller Basis. Jedoch werden Standardannahmen, unter denen sich Subventionsbegründungen nicht ableiten lassen, aufgehoben und Erweiterungen sowohl auf der Kosten- als auch auf der Ertragsseite vorgenommen. Die unter den drei folgenden Gliederungspunkten dieses Kapitels diskutierten zentralen Subventionsbegründungen sind unvollkommene Kapitalmärkte und Umverteilungsziele (siehe Gliederungspunkt 5.2.2), positive externe Effekte der Humankapitalbildung (siehe Gliederungspunkt 5.2.3) sowie Ungewißheit über Humankapitalinvestitionen für den Investor (siehe Gliederungspunkt 5.2.3).

5.2.2 Unvollkommener Kapitalmarkt bei Humankapitalinvestitionen

Die erste Subventionsbegründung liegt in einem unvollkommenen Kapitalmarkt.[291] In Gliederungspunkt 5.2.1 wird für die individuelle Humankapitalbildung ein perfekter Kapitalmarkt mit konstantem Marktzinssatz i_p* unterstellt, zu dem Humankapitalinvestitionen in beliebig großer Höhe finanzierbar seien.

---

290 Vgl. **Thurow** (1970), S. 69 - 88, S. 103 - 120, **Stiglitz** (1988b), S. 371 - 376.

291 Vgl. **Stigler** (1967).

Jetzt wird angenommen, daß mit zunehmenden individuellen Ausgaben für Humankapital Finanzierungsprobleme auftreten.[292] Anders als bei einem perfekten Kapitalmarkt sind die Investitionen nicht unbegrenzt mit einheitlichem Zinssatz i_p* zu finanzieren. Bei höheren Ausgaben für Humankapital treten Finanzierungsprobleme bei der Kreditfinanzierung[293] auf. Der Kapitalmarkt für Humankapitalinvestitionen ist unvollkommen, weil die Annahme konstanter Zinsen entfällt und die Zinsen i mit größeren Finanzierungsvolumen je Investor diskontinuierlich oder kontinuierlich steigen.[294]

Der Grund für den Zinsanstieg liegt darin, daß bei allen Humankapitalkrediten der Investoren als Schuldner Ungewißheit für den Gläubiger bezüglich der Rückzahlungsfähigkeit besteht. Ex ante erwartete Erträge aus weitgestreuten spezifischen Humankapitalinvestitionen treten eventuell ex post nicht ein; der Investor kann dann nach der Investitionsphase die gegebenen Kredite nicht zurückzahlen, da die Ertragsströme ausbleiben.

Ein weiteres, zentrales Argument sind fehlende Kreditsicherheiten. Hier liegt ein bedeutender Unterschied zwischen Investitionen in Sachkapital gegenüber Humankapital. Für potentielle Kreditgeber fehlen bei Krediten für Humankapitalinvestitionen beleihbare Kreditsicherheiten, da das mit Menschen verbundene Kapital sich nicht in gleicher Weise wie Sachkapital von den Banken bei einer fehlgeschlagenen Investition pfänden oder eintreiben läßt. Schlägt eine Sachkapitalinvestition fehl, können eingesetzte Sachgüter wie Gebäude, Grundstücke und Maschinen verkauft beziehungsweise versteigert werden und so zumindest teilweise die entstandenen Kosten aus den entstandenen Kreditausfällen decken.

---

292 Vgl. **Kaufman** (1989), S. 308, **Elliott** (1991), S. 163 f.

293 Eine Kreditfinanzierung liegt dann vor, wenn seitens der Kapitalgeber für ihre geleisteten Zahlungen an den Investor gesicherte Rückzahlungen in vertraglicher festgesetzter Höhe nach einer bestimmten vorgegebenen zeitlichen Struktur verlangt werden, vgl. **Kallfass** (1989), S. 52 f.

294 Zu den Kapitalmarktunvollkommenheiten bei individuellen Humankapitalinvestitionen vgl. **Kodde, Ritzen** (1985), **Stigler** (1987), S. 277 - 279, **Arrow** (1993), S. 9, **Kath** (1995), S. 456 - 458, **Franz** (1996), S. 98.

Beim individuellen Humankapital ist das in freiheitlich-demokratisch verfaßten Gesellschaften nicht möglich. Seit der Abschaffung der Sklavengesellschaft verfügt jeder Investor als freier Mensch allein und ausschließlich über die Property Rights seines mit ihm unmittelbar verbundenen Humankapitals.[295] Kein Kreditgläubiger kann bei einem Kreditausfall darüber verfügen und es zwangsweise auf dem Arbeitsmarkt einer von ihm gewünschten Verwendung zuführen oder es sogar meistbietend versteigern, was für Sachkapital problemlos möglich ist.[296]

Folgt man der plausiblen Annahme, daß die Kapitalmärkte für die Finanzierung von Humankapitalinvestitionsvorhaben unvollkommen sind, so kann sich zum Beispiel für ein Individuum ein typischer Verlauf wie die in der Abbildung 20 dargestellte Angebotskurve mit diskontinuierlich ansteigenden Grenzfinanzierungskosten S_x S_x ergeben.

In diesem Beispiel wird bis H_0 eine interne Finanzierungsmöglichkeit mit sehr niedrigen Zinsen innerhalb der Familie, insbesondere durch Transferleistungen der Eltern, angenommen.[297] Gilt diese Annahme generell, so folgt: Je größer die persönlichen Finanzierungsmöglichkeiten innerhalb der Familie sind, desto größer wird der Anteil der (familien-)internen Finanzierung an den Humankapitalausgaben und entsprechend weit wird sich der Punkt H_0 nach rechts verschieben und die höheren Zinsen fallen erst bei höheren Humankapitalausgaben an.

Die Kurve S S in der Abbildung 21 stellt die als kontinuierlich steigend angenommenen Finanzierungskosten für die individuelle Humankapitalbildung des Investors dar. Es ergibt sich nun eine von der Abbildung 19 abweichende Entscheidungsgrundlage auf der Finanzierungsseite, da die steigenden Grenzfi-

---

295 Vgl. **Fogel, Engerman** (1974), S. 232 - 234; vgl. auch den *Gliederungspunkt 2.2.1.*

296 Dabei ist weiter zu beachten, daß selbst wenn ein Verkauf des Humankapitals möglich wäre, es für hochspezifisches Humankapital kaum eine oder im Extremfall überhaupt keine alternative produktive Verwendung gäbe; die idiosynkratischen Investitionskosten sind versunken.

297 Vgl. **Becker** (1993/1964), S. 93.

nanzierungskosten die Entscheidungssituation beeinflussen.[298] Die Bedingungen des Entscheidungskalküls ändern sich, da der Kostenverlauf nicht mehr konstant ist.

Abbildung 20:

Grenzkosten der Finanzierung von Humankapitalinvestitionen bei unvollkommenem Kapitalmarkt

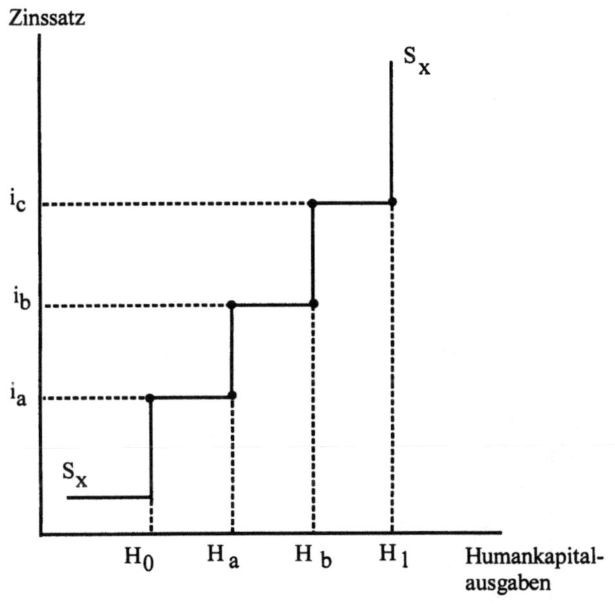

Quelle: eigene Abbildung.

298 Vgl. **Fleisher, Kniesner** (1984), S. 300 - 302, **Kaufman** (1989), S. 306 -309.

Statt der Kurve S_p S_p mit einem konstanten Marktzinssatz der Abbildung 19 ist in der folgenden Abbildung 21 die Kurve S S entscheidungsrelevant. Der Kapitalmarkt wird jetzt als unvollkommen angenommen.

Die Abbildung 21 zeigt das individuelle Investitionskalkül bei einem unvollkommenen Kapitalmarkt mit linear steigenden Grenzkosten der Finanzierung S S. Im Gleichgewicht beträgt der Marktzinssatz i*, der marginale interne Zinssatz r*. Die Höhe der Ausgaben für Humankapitalinvestitionen liegt dann bei H*.[299]

Abbildung 21:

Individuelles Kalkül bei unvollkommenem Kapitalmarkt

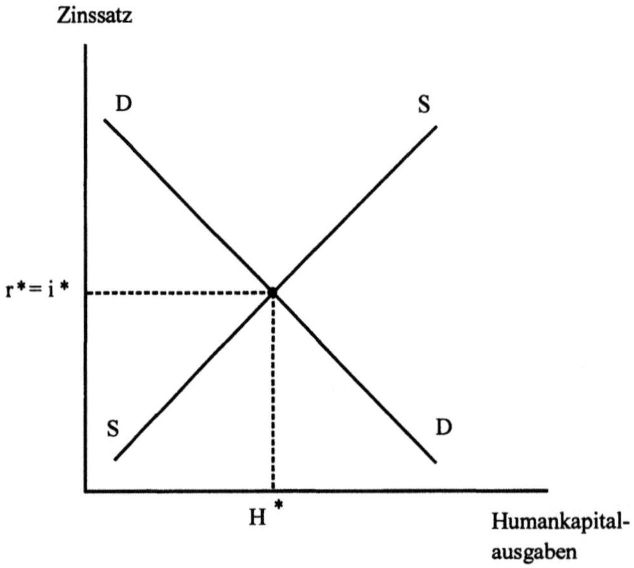

Quelle: eigene Abbildung.

---

[299] Vgl. **Fleisher, Kniesner** (1984), S. 302 - 304.

Eine Subventionsbegründung läßt sich bei unvollkommenen Kapitalmärkten aus der daraus möglicherweise resultierenden Unterinvestitionssituation ableiten. In der Abbildung 22 sind beide Gleichgewichtssituationen, bei perfekten und bei unvollkommenem Kapitalmarkt, dargestellt.

Abbildung 22:

Subventionen wegen mangelnder Finanzierungsmöglichkeiten

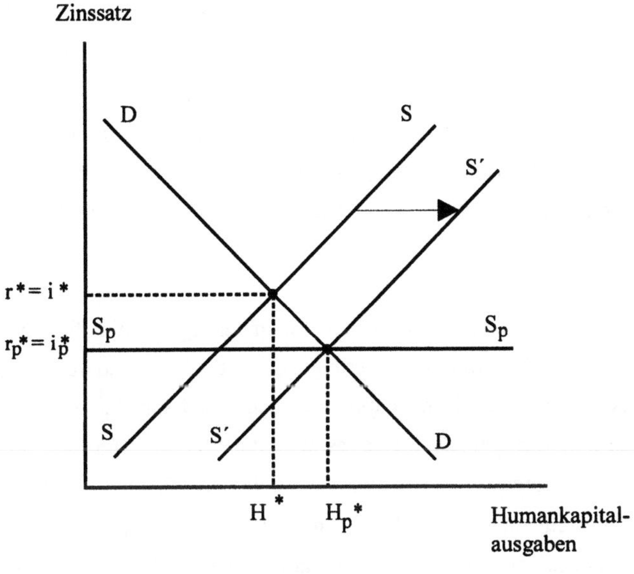

Quelle: eigene Abbildung.

Diese Unterinvestitionssituation ließe sich zum Beispiel durch eine Subventionierung ausgleichen, um die Grenzkostenkurve S S bei Kapitalmarktunvollkommenheiten nach S' S' und den Gleichgewichtspunkt von H* nach H_p* zu verschieben. Die Finanzierungskosten der Humankapitalbildung würden nicht mehr allein privat getragen, sondern werden zu einem Teil staatlich subventioniert. Als Ausgleich der allgemeinen Kapitalmarktunvollkommenheit erhalten alle Humankapitalinvestoren die gleiche globale Subventionierung.

Jetzt wird weiter die Annahme aufgegeben, daß alle Individuen den gleichen Zugang zu finanziellen Ressourcen haben.[300] Unter der Prämisse heterogener Finanzierungsbedingungen ist eine weitere theoretische Subventionsbegründung im Zusammenhang mit Kapitalmarktunvollkommenheit abzuleiten. Es sei angenommen, daß es neben den Individuen mit der bisher verwendeten normalen Finanzierungskurve S S eine zweite finanzschwache Gruppe von Individuen mit eingeschränkten Finanzierungsmöglichkeiten S_f S_f gibt, die also nicht über eigenes oder familiäres Vermögen zur Humankapitalbildung verfügen können. Beide in der Abbildung 23 erfaßten Investorengruppen wollen unter sonst gleichen Bedingungen investieren. Die beiden Gruppen sind also auch mit einer identischen gegebenen Ability ausgestattet.[301] Die Nachfragekurven D D sind damit identisch.

Die Individuen mit schlechterem Zugang zu Finanzierungsmitteln für ihre Humankapitalbildung (mit den Grenzfinanzierungskosten S_f S_f) investieren trotz vollkommen identischer interner Humankapitalverzinsung bei gleicher Humankapitalnachfragefunktion weniger als die Investoren der Vergleichsgruppe mit besseren Finanzierungsbedingungen (S S) und dem Gleichgewichtspunkt r* / H*. Eine Subventionierung für Investoren der finanzschwachen Gruppe führt zur Ausdehnung der Investitionen von H_f zum Gleichgewichtspunkt H*.[302] Die Subvention senkt im angenommenen Fall die privaten Kosten und gleicht so die höheren Finanzierungskosten aus.

---

300 Vgl. **Friedman**, unter Mitarbeit von **Friedman** (1962), S. 102 - 107, **Polachek, Siebert** (1993), S. 47 - 49.

301 Zur Ability von Individuen vgl. den *Gliederungspunkt 2.5.1.*

302 Hier wird vereinfachend der Gleichgewichtspunkt bei einem unvollkommenem Kapitalmarkt verwendet.

In der Abbildung 23 verschiebt sich als Folge der Subventionierung die Kurve der finanzschwachen Investorengruppe S_f S_f nach rechts, bis sie mit der Kurve S S deckungsgleich wird und so die vermögensbedingten Finanzierungsnachteile der ärmeren Bevölkerungsgruppe ausgeglichen sind.

Abbildung 23:
Eingeschränkte Finanzierungsmöglichkeiten als Subventionsbegründung

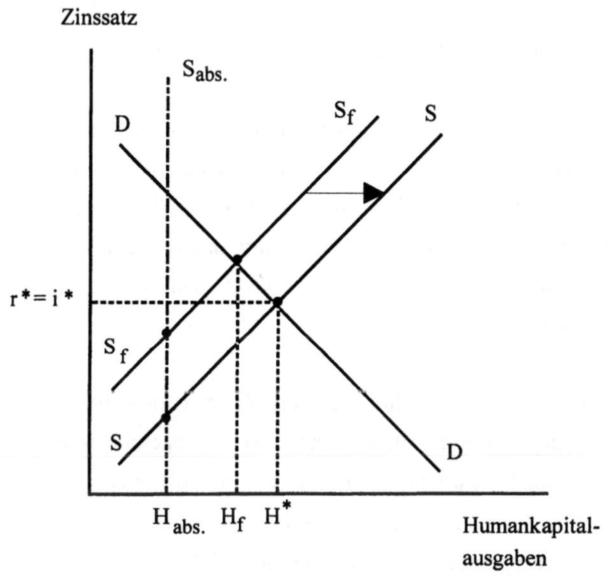

Quelle: eigene Abbildung.

Für den extremen Fall einer betragsmäßig absoluten Begrenzung der Finanzierungsmöglichkeiten verläuft die Angebotskurve ab einem bestimmten Ausgabenvolumen senkrecht. Es wird unter Umständen nur sehr wenig investiert, obwohl die interne Verzinsung ceteris paribus sehr hoch ist. Einer hohen internen Verzinsung stehen prohibitiv hohe Finanzierungskosten gegenüber. Ist die Finanzierung der Humankapitalausgaben, wie in der Abbildung 23 ergänzend dargestellt, absolut auf $H_{abs.}$ mit den Angebotskurven S $S_{abs.}$ oder auch S_f $S_{abs.}$ begrenzt, so wird noch deutlich weniger investiert.

Neben der allokativen Begründung von Finanzierungssubventionen stehen distributive Argumente[303] als Rechtfertigung von Subventionen.[304] Sind normativ Umverteilungen erwünscht, könnten diese durch Subventionierung des Humankapitals derjenigen, die durch die Umverteilung profitieren sollen, realisiert werden. Solche Ausbildungssubventionen dienen dann als Instrument bei der Realisierung des normativen wirtschaftspolitischen Ziels der Umverteilung.

So kann die Zielvorgabe eine Startgerechtigkeit für alle Individuen bei ihren Humankapitalinvestitionsvorhaben sein, allen Investoren unabhängig von ihren Finanzierungsmöglichkeiten den gleichen Zugang zu Humankapitalinvestitionen zu sichern. Auf diese Weise gelingt es auch, das gesamte menschliche Potential aller Individuen in der Volkswirtschaft unabhängig vom eigenen Vermögen und von der Finanzkraft der Familie zu nutzen.

Soll zugunsten der Gruppe von Individuen mit der Grenzkostenkurve S_f S_f umverteilt werden, so kann durch Subventionierung dieser Gruppe analog zu der Darstellung in der Abbildung 23 ein Umverteilungseffekt hervorgerufen werden. Der Anreiz zur zusätzlichen Humankapitalbildung mit zusätzlichen Erträgen wird für diese finanzschwache Gruppe durch Subventionierung erhöht.

---

303 Vgl. **Siebert** (1985), S. 59 f.

304 Zu den distributiven Effekten von Bildungssubventionen vgl. **Blaug** (1982), **Creedy, Francois** (1993).

5.2.3 Externe Effekte des Humankapitals

Eine weitere Subventionsbegründung liegt in angenommenen positiven externen Effekten[305] von Humankapitalinvestitionen.[306] Es läßt sich argumentieren, daß Investitionen in Bildung und Ausbildung nicht nur, wie bisher implizit angenommen, individuelle Ertragszuwächse im Zeitablauf hervorbringen, sondern zugleich positive externe Effekte, die in der gesamten Volkswirtschaft wirksam werden.[307] Im folgenden soll die Annahme gelten, daß auch diese Effekte monetär bewertbar sind. In diesem Fall sind sie in das bisherige monetäre Kosten-Ertrags-Kalkül zu integrieren.

Als gesamtwirtschaftlich positiv wirkende externe Effekte von einzelwirtschaftlich gebildetem Humankapital werden in der Literatur unter anderem diskutiert:[308]

- Förderung des Demokratieverständnisses der Bürger und verstärktes Engagement in demokratischen Wahl- und Entscheidungsprozessen,[309] dadurch effizienteres Funktionieren der demokratischen Institutionen, verstärkte Kontrolltätigkeit gegenüber staatlichen Entscheidungsträgern und bessere Ressourcenausnutzung bei der Bereitstellung von öffentlichen Gütern,
- souveränere Entscheidungen der Konsumenten im Marktprozeß, dadurch allokativ effizientere Abläufe des Marktmechanismus und gesamtwirtschaftliche Kosteneinsparungen wegen geringerer Fehlallokationen,

---

305 Zum Begriff der externen Effekte vgl. grundlegend **Buchanan, Stubblebine** (1962); vgl. auch **Fritsch, Wein, Ewers** (1996), S. 54 - 122, **Kruse, Berger** unter Mitarbeit von **Bonde, Frank** (1996), S. 181 - 192.

306 Vgl. auch die kritische Diskussion der positiven externen Effekte des Bildungswesens bei **Helmes** (1996), S. 72 - 85.

307 Vgl. grundlegend **Weisbrod** (1964).

308 Vgl. **Weißhuhn** (1977), S. 130 - 138, **McMahon** (1987), S. 134 f., **Cohn, Geske** (1990), S. 37 f., **Helmes** (1996), S. 78 - 80.

309 Vgl. **van Lith** (1985), S. 30 - 37, **Elliott** (1991), S. 164.

- höhere persönliche Identifikation mit den Normen des bestehenden Rechtssystems, dadurch geringere Kriminalitätsraten mit niedrigeren Gesamtkosten des Strafsystems,[310] sowie
- verbessertes Gesundheitsbewußsein und gesündere Lebensweise, mit dadurch verringerten Krankheits-, Invaliditäts- und Sozialhilfekosten.

Als ein weiterer positiver externer Effekt wird in der aktuellen wachstumstheoretischen Diskussion über endogene gesamtwirtschaftliche Wachstumspotentiale[311] ein deutlich stärkeres allgemeines Wirtschaftswachstum infolge von verstärkter individueller Humankapitalbildung in einer Volkswirtschaft angenommen.[312]

Der einzelne Investor bezieht in das Kosten-Ertrags-Kalkül bei seinen Humankapitalentscheidungen nur seine individuellen privaten Erträge ein, die supraindividuellen gesamtwirtschaftlichen Erträge in Form von externen Effekten bleiben in seinem einzelwirtschaftlichen Kalkül unberücksichtigt. Treten derartige positive externe Effekte auf, dann sind die einzelwirtschaftlichen Investitionen in Humankapital aus gesamtwirtschaftlicher Sicht zu niedrig. Das Kalkül dürfte nicht wie in der Gleichung (5),[313] sondern müßte unter Einbeziehung externer Effekte wie folgt lauten:

$$V_{ext.} = - \sum_{t=0}^{n} K_t \ (1+d)^{-t} + \sum_{t=0}^{n} (E_t + E_{ext.,t}) \ (1+d)^{-t} . \qquad (20)$$

Die Gleichung (20) zeigt nicht mehr den Gegenwartswert aus einer rein individuellen Sicht, sondern einen Gegenwartswert $V_{ext.}$, der neben den individuellen

---

310 Vgl. **van Lith** (1985), S. 45 - 47.

311 Vgl. die unterschiedlichen Modellierungen von **Romer** (1986), **Lucas** (1988), **Gries** (1995a), **Homburg** (1995), **Barro, Sala-i-Martin** (1995), S. 171 - 201.

312 Vgl. **Mincer** (1984a), **Weale** (1992), **Becker** (1993a), **Grilliches** (1996), **Schultz** (1993a).

313 Vgl. *Gliederungspunkt 2.4.2.*

Erträgen E_t auch unterstellte gesamtwirtschaftliche Erträge aus positiven externen Effekten in Höhe von $E_{t, ext.}$ integriert. Wie graphisch in der Abbildung 24 dargestellt, verschiebt sich die Kurve D D durch die Einbeziehung externer Effekte nach außen zu $D_{ext.}$ $D_{ext.}$.[314]

Abbildung 24:

Positive externe Effekte als Subventionsbegründung

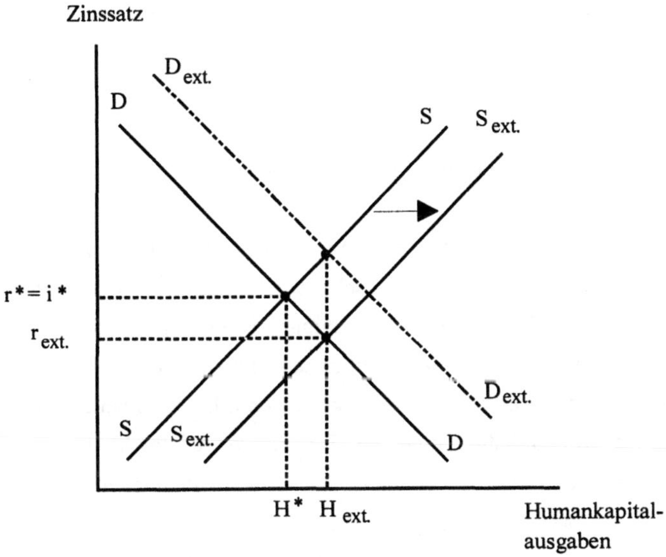

Quelle: eigene Abbildung.

[314] Je nach Variation der Annahmen über die Höhe der positiven externen Effekte in Abhängigkeit vom erreichten Niveau der Humankapitalbildung wird sich die Nachfragekurve D D gegebenenfalls nicht nur verschieben, sondern auch oder ausschließlich drehen.

Treten tatsächlich derartige konstante positive externe Effekte auf, dann investiert das Individuum in seinem einzelwirtschaftlichen Kalkül aus gesamtwirtschaftlicher Sicht zuwenig.[315] Diese Unterinvestition wegen der mangelnden Integration der positiven externen Effekte in das Individualkalkül kann durch eine gezielte Subvention ausgeglichen werden.

Das private Gleichgewicht r* / H* ergibt sich, wie in der Abbildung 24 dargestellt, im Fall der Vernachlässigung der unterstellten externen Effekte. Durch Subventionen verschiebt sich die für das Individuum relevante Angebotskurve in Richtung $S_{ext.}$ $S_{ext.}$ zu dem Punkt $r_{ext.} = i_{ext.} / H_{ext.}$. Die externen Effekte könnten auf diese Weise berücksichtigt werden.

5.2.4 Ungewißheit für den Investor in Humankapital

Die dritte Argumentationslinie zur Begründung von Humankapitalsubventionen behandelt Ungewißheit. Wie bereits in Abschnitt 3.4 dieser Arbeit dargelegt, müssen in der Realität alle Investitionsentscheidungen unter Ungewißheit vorgenommen werden. Wenn die zukünftigen Erträge aus Humankapitalinvestitionen aber nicht vollständig sicher erwartet werden, kann es bei Ungewißheitsaversität zu einer Unterinvestitionssituation kommen. Bei einem vollständig ungewißheitsneutralen Verhalten des Individuums ändert sich demgegenüber das Entscheidungskalkül trotz Ungewißheit nicht, der Investor ist indifferent gegenüber Ungewißheit.[316] Subventionen sind dann nicht erforderlich.

Es sei nun angenommen, daß in der folgenden Gleichung (21) der ungewißheitsaversiver Investor ein Entscheidungskalkül unter Ungewißheit vornimmt, in dem die Kosten vollkommen sicher erwartet werden, die Erträge aber in ihrem

---

315 Vgl. auch ergänzend die Darstellung der externen Effekte des spezifischen Humankapitals, das durch berufliche Weiterbildung gebildet wurde, bei **Dicke, Glismann, Gröhn** (1995), S. 14 - 17.

316 Vgl. **Hirshleifer, Riley** (1992), S. 23.

Eintreten ungewiß sind und der Ungewißheitsabschlag für die in Zukunft erwarteten ungewissen Erträge durch seine Humankapitalnutzung $u_E >> 0$ beträgt:[317]

$$V_U = - \sum_{t=0}^{n} K_t \, (1+d)^{-t} + \sum_{t=0}^{n} \Big(\sum_{q=1}^{e} p_{E,q} \; E_{U,q} \Big)_t \, (1+d+u_E)^{-t}. \quad (21)$$

Da die erwarteten zukünftigen Erträge aus einer Humankapitalinvestition aus individueller ungewißheitsaversiver Sicht nicht mehr sicher sind und es daher zu Ungewißheitsabschlägen kommt, sinkt für den Investor der Gegenwartswert V_U und damit die Investitionsbereitschaft. Die Verzinsung muß jetzt höher liegen, um den Ungewißheitsabschlag auszugleichen; die Investitionstätigkeit geht zurück. Subventionen könnten diese Investitionszurückhaltung bei ungewissen Investitionen verringern und ausgleichen.

Fraglich ist aber, ob und in welchen Fällen ein Investitionsrückgang bei Ungewißheit durch staatliche Subventionen kompensiert werden sollte. Eine generelle Subventionierung von ungewissen Investitionen bei Ungewißheitsaversität läßt sich kaum begründen. Eine selektive Subventionierung könnte beispielsweise als Ausgleich von hohen individuellen Risiken bei aus volkswirtschaftlicher Perspektive erwünschten ungewissen Humankapitalinvestitionen, beispielsweise für Humankapitalinvestitionen unter hoher Ungewißheit in Sektoren mit innovativen Forschungsaktivitäten und hochtechnologischen Entwicklungspotentialen, erfolgen.[318]

Ein weiterer Anwendungsfall von Subventionen bei Ungewißheit ergibt sich in Verbindung mit den unter Gliederungspunkt 5.2.2 behandelten unvollkommenen Kapitalmärkten. Hier ließen sich Subventionen begründen, um Portefeuille-

---

317 Vgl. die *Gleichung (11)* und die *Gleichung (13)* in *Abschnitt 3.4.*

318 Vgl. **Redding** (1996).

Finanzierungsnachteile für ärmere Familien ohne Vermögen auszugleichen. Familien mit hinreichendem Vermögen können bewußt eine ungewisse Investition in ihre Kinder vornehmen, da sie auch alternative sichere Investitionen mit festen Renditen in Sach- oder Finanzkapitalinvestitionen in ihr Portefeuille aufnehmen können. Ärmeren Familien bleibt diese Portefeuille-Bildung verwehrt, da sie nicht ausreichend Kapital zur Verfügung haben, um es über verschiedene Investitionsobjekte zu streuen. Tendenziell werden sie also eher auf ungewisse Humankapitalinvestitionen mit ungewissen zukünftigen Erträgen verzichten müssen, da sie zunächst in der Gegenwart kurzfristig kalkulierend die nur materielle Existenz ihrer Familie absichern können.[319]

Die ausführliche Kritik staatlicher Subventionierung der individuellen Humankapitalbildung folgt in Abschnitt 5.4 nach der Analyse der weiteren Staatseingriffe während der Investitions- und insbesondere während der Erwerbsphase von Humankapitalinvestitionen.

5.3 Staatliche Eingriffe und ihre Wirkungen auf individuelle Kosten und Erträge

In diesem Abschnitt werden die weiteren relevanten Staatsaktivitäten neben der unmittelbaren Humankapitalsubventionierung behandelt. Dabei werden die folgenden staatlichen Eingriffe betrachtet: die Besteuerung der Humankapitalerträge während der Erwerbsphase (siehe Gliederungspunkt 5.3.1), die indirekt wirkende Besteuerung der Basiserträge und Mindestlöhne (siehe Gliederungspunkt 5.3.2) sowie die Verkürzung und Unterbrechung der Erwerbsphase durch staatlichen Zwang (siehe Gliederungspunkt 5.3.3). Die Wirkungen solcher Staatseingriffe auf das private Investitionskalkül schließt den Abschnitt ab (siehe Gliederungspunkt 5.3.4).

---

[319] Vgl. auch **van Lith** (1983), S. 37.

5.3.1 Besteuerung der Erträge aus Humankapitalinvestitionen

Nach der Investitionsphase tritt das Individuum ein Beschäftigungsverhältnis ein, in dem es seine ihm eigene Kombination aus allgemeinem und spezifischem Humankapital einsetzt. Das Individuum erzielt während der Erwerbsphase Erträge aus der Humankapitalbildung, die über die Basiserträge aus einer unqualifizierten Tätigkeit hinausgehen. Die bisher betrachteten Humankapitalerträge E_{HK} sind Bruttoerträge. Durch staatliche Aktivitäten verändern sich die Erträge zu Nettoerträgen $E_{HK, netto}$. Ein zentrales Merkmal staatlicher Aktivitäten liegt darin, daß der Staat mit hoheitlicher Gewalt ausgestattet ist und daher Zwangsabgaben fordern kann.[320] Aufgrund seiner hoheitlichen Zwangs- und Souveränitätsbefugnisse erhebt der Staat Steuern sowie Beiträge, insbesondere Sozialversicherungsbeiträge.[321] Im Zusammenhang mit der Humankapitalertragsbesteuerung erhebt die öffentliche Hand durch Zwangseingriffe Steuern und Beiträge auf Entgelte, die die Individuen für Arbeitsmarktleistungen aus der Bereitstellung des Produktionsfaktors allgemeines und spezifisches Humankapital erhalten.[322] Durch die Höhe und die konkrete Ausgestaltung des Besteuerungssystems wirkt der Staat auf die Rentabilität von Humankapitalinvestitionen ein.[323]

Im individuellen Investitionskalkül verringern sich die Bruttoerträge um die Steuern und Beiträge zu den Nettoerträgen $EH_{K, netto}$. Berücksichtigt man während der Erwerbsphase einen Belastungssatz b_{HK} auf die Bruttoerträge aus der Humankapitalbildung durch die staatliche Erhebung von Steuern und Beiträgen,

---

[320] Vgl. **Brümmerhoff** (1992), S. 3 f.

[321] Zu dem finanzwirtschaftspolitischen Instrumentarium des Staates vgl. **Andel** (1992), S. 20 - 36; für einen Überblick über das bundesdeutsche Steuersystem vgl. **Homburg** (1997), S. 17 - 23.

[322] Vgl. **Andel** (1980), S. 337 f.; vgl. auch **Salin** (1986).

[323] Vgl. auch die Ansätze bei **Eaton, Rosen** (1980), **Creedy, Francois** (1992), **Kaplov** (1993), **Trostel** (1993), **Creedy** (1995), **Dupor, Lochner, Taber, Wittekind** (1996).

so ändern sich die individuellen Erträge unter Berücksichtigung dieses Staatseingriffs in:[324]

$$E_{HK,\,netto,\,t} = \sum_{t=1}^{n} (1 - b_{HK})\; E_{HK,\,t}\; (1 + d)^{-t}. \tag{22}$$

Ceteris paribus würde sich die Vorteilhaftigkeit des Gesamtkalküls in der Gleichung (22) um so stärker verringern, je größer die Belastungsquote b_{HK} und damit je kleiner die Nettoerträge sind. Der Staat erhält in jeder Periode Einnahmen in Höhe von b_{HK} E_t. Die Humankapitalinvestitionsbereitschaft sinkt mit fallenden Nettoerträgen in der Erwerbsphase. Dieser Fall würde eintreten, falls die Basiserträge ohne Humankapitalbildung zum Beispiel wegen eines administrativ festgesetzten Steuerfreibetrags nicht besteuert, die Erträge aus der Humankapitalinvestition aber mit einer prozentualen Quote b_{HK} belastet würden, da sie oberhalb der Freibetragsgrenze liegen. Den Fall, daß auch die Basiserträge besteuert werden, behandelt der Gliederungspunkt 5.3.2.

5.3.2 Staatseingriffe bei den Basiserträgen

Auch staatliche Eingriffe bei den Basiserträgen aus Beschäftigungsverhältnissen ohne Humankapitalbildung wirken auf die Vorteilhaftigkeit eines individuellen Entscheidungskalküls über Humankapitalinvestitionsvorhaben ein. Der Staat kann die Basiserträge in unterschiedlicher Höhe besteuern. Er kann aber auch über Mindestlöhne die Höhe der Basiserträge festsetzen und so in arbeitsmarktliche Prozesse eingreifen.

Besteuert der Staat auch die Basiserträge E_B, so hat dieser staatliche Eingriff Auswirkungen auf das individuelle Humankapitalkalkül über die indirekten

---

[324] Vgl. auch die *Gleichung (4)* in *Gliederungspunkt 2.4.2.*

Kosten der Humankapitalbildung. Im Kalkül ändern sich die Opportunitätskosten der entgangenen Erträge während der Investitionsphase.

Werden die Basiserträge mit einer Basisbelastungsquote b_B besteuert, so ändert sich die Höhe der Nettobasiserträge in

$$E_{B,\,netto,\,t} \;=\; (1\;-\;b_B)\;\;E_{B,\,t}\,. \tag{23}$$

Die Nettobasiserträge $E_{B,\ netto}$ sind um die Steuereinnahmen des Staates aus unqualifizierter Beschäftigung in einer Höhe von $b_B\ E_B$ gemindert. Durch eine Besteuerung der Basiserträge wie in Gleichung (23) verändert sich die Kostenseite des Entscheidungskalküls, da die Höhe der Basiserträge den indirekten Kosten einer Humankapitalinvestition als Opportunitätskostenkategorie entspricht ($E_B = K_{ind.}$). Wie die Gleichung (24) zeigt, entsprechen dann die indirekten Nettoinvestitionskosten $K_{t,\ ind.,\ netto}$ den Nettobasiserträgen. Es ist

$$E_{B,\,netto,\,t} \;=\; (1\;-\;b_B)\;\;E_{B,\,t} \;=\; K_{ind.,\,netto,\,t}\,. \tag{24}$$

Je stärker die Basiserträge als Opportunitätskostenkategorie der Humankapitalbildung besteuert werden, desto vorteilhafter wird das Investitionskalkül. Die Investitionsneigung der Individuen steigt mit hohen Basisertragssteuersätzen.

Die Basiserträge gehen auch durch staatliche Eingriffe in ihrer Wirkung in das Investitionskalkül ein, die direkt die Höhe der Basiserträge neben den arbeitsmarktlichen Einflüssen mitbestimmen und auf diese Weise die Vorteilhaftigkeit einer Investitionsentscheidung in Humankapital beeinflussen. Der Staat kann die Basiserträge über eine Festlegung von Mindestlöhnen für unqualifizierte Beschäftigungsverhältnisse in ihrer Flexibilität nach unten einschränken.[325]

---

[325] Vgl. die kritische Diskussion über Mindestlöhne bei **Mincer** (1976b), **Brown, Gilroy, Kohen** (1982), **Mincer** (1984b), **Dearden** (1995), **Cahuc, Michel** (1995), **Freeman** (1996).

Liegen die staatlich festgesetzten Mindestlöhne über den arbeitsmarktlichen Erträgen aus einer Basistätigkeit,[326] so steigen die indirekten Kosten ceteris paribus an. Es gilt dann

$$E_{B,\,netto,\,t} = (1 - b_B)\ E_{B,\,mind.,\,t} = K_{G,\,t} \tag{25}$$

mit $E_{B,\,mind.} > E_B$.

In der Gleichung (25) bezeichnet K_G die indirekten Kosten der Humankapitalbildung unter Berücksichtigung der Staatseingriffe - Besteuerung der Bruttobasiserträge und administrativ festgesetzte Mindestlöhne.

Die Effekte von Basisbesteuerung und gesetzlichen Mindestlöhnen sind in ihrer Wirkung auf das Individualkalkül gegenläufig. Während die Basisertragssteuern die Vorteilhaftigkeit einer Humankapitalinvestition erhöhen, wird sie durch Mindestlöhne, wenn sie auf die Basiserträge wirksam werden, reduziert.

5.3.3 Staatseingriffe in die Erwerbsdauer

Neben der Einflußnahme auf die Höhe der entscheidungsrelevanten Kosten und Erträge kann der Staat auch in die Dauer des Investitionsvorhabens eingreifen: Er kann den Zeithorizont der Erwerbsphase des Investitionskalküls verkürzen oder er kann die Investitions- beziehungsweise die Erwerbsphase durch Zwang unterbrechen.

Der Zeithorizont kann durch eine Festlegung des höchstmöglichen Erwerbsalters des Investors verkürzt werden. Der Staat legt dann eine gesetzliche Altersgrenze

---

[326] Liegen die Mindestlöhne unter dem Marktniveau der Basiserträge, ist also $E_B > E_{B,\,mind.}$, sind sie nicht entscheidungsrelevant. Zur Einordnung der arbeitsmarktlichen Bedeutung von staatlich festgesetzten Mindestlöhnen vgl. **Brown** (1988).

für arbeitsmarktliche Tätigkeiten fest.[327] Liegt diese Grenze bei einem höheren Alter als der Investor für seinen Zeithorizont in seinem Kalkül geplant hat, ist sie wirkungslos. Liegt sie aber bei einem niedrigeren Alter als vom Individuum geplant, verkürzt sie die Erwerbsphase um eine oder mehrere Perioden mit entsprechenden Ertragseinbußen. Ein Beispiel ist die Verkürzung der Lebensarbeitszeit durch vorzeitige Frühverrentung von Arbeitnehmern.[328]

Auch durch Zwangsunterbrechungen verkürzt sich die Dauer der Erwerbsphase.[329] In den Unterbrechungsperioden können zwangsweise keine Erträge erzielt werden. Bei einem konstanten Gesamtzeithorizont aus Investitions- plus Erwerbsphase verkürzen auch Unterbrechungen der Investitionsphase die Gesamtdauer der Ertragsphase. Die Investitionsperioden zum Aufbau eines Humankapitalstocks müssen nach Zwangsunterbrechung nachgeholt werden. Der Phasenübergang verzögert sich auf eine spätere Periode, die Gesamtdauer der Erwerbsperioden sinkt.

Eine staatliche Zwangsunterbrechung im Erwerbsverlauf[330] entsteht in Nationalstaaten mit Wehrpflichtgesetzen für Männer aus der Zwangsverpflichtung heraus, über einen festen Zeitraum ihre Humankapitalbildung beziehungsweise -nutzung zu unterbrechen und ihren Wehr- oder Zivildienst ableisten zu müssen.[331]

---

327 Vgl. **Molitor** (1988), S. 149 f.

328 Vgl. **Molitor** (1988), S. 150.

329 In ihrer Rentabilitätswirkung entsprechen die Zwangsunterbrechungen den freiwilligen Unterbrechungen; vgl. den *Gliederungspunkt 3.1.3.*

330 Extreme Ausprägungsformen von staatlichen Zwangsunterbrechungen der Erwerbsphase sind politisch motivierte Berufsverbote.

331 Zur Kritik an der Wehrpflicht, insbesondere wegen der von ihr verursachten hohen indirekten Kosten, vgl. **Giersch** (1993b), **Beck, Prinz** (1994). Dieser Kritik ist vor dem Hintergrund der humankapitaltheoretischen Sichtweise dieser Arbeit uneingeschränkt zuzustimmen. Als konsequente Alternative bietet sich aus ökonomischer Sicht eine Berufsarmee mit spezifisch qualifizierten Soldaten an.

Die Ertragswirkung durch Staatseingriffe bei der Ertragsdauer veranschaulichen die Gleichungen (26) und (27). Die Verkürzung des Zeithorizonts um v Perioden ändert die Ertragsgleichung in

$$E_{HK} = \sum_{t=1}^{n-v} E_t \, (1+d)^{-t}. \qquad (26)$$

Die letzte Ertragsperiode ist nicht mehr die Periode n, sondern bei Verkürzung um eine Periode die Periode (n - 1) beziehungsweise bei v Perioden die Periode (n - v).

Durch eine Zwangsunterbrechung von der Periode s_1 bis zur Periode s_2 teilt sich die Ertragsphase in zwei Teilphasen

$$E_{HK} = \sum_{t=1}^{s_1} E_t \, (1+d)^{-t} + \sum_{s_2}^{n} E_t \, (1+d)^{-t} \qquad (27)$$

mit $p_2 < n$.

Die Wirkung dieser Staatseingriffe ist eindeutig negativ, die Investitionsneigung der Individuen sinkt, falls für die Erwerbsphase erzwungene Ertragsausfälle aus einer Verkürzung der Erwerbsphase oder Zwangsunterbrechungen erwartet werden.

In dem Gliederungspunkt 5.3.4 sind die diversen staatlichen Eingriffe hinsichtlich ihrer Wirkungen auf die einzelnen Investitionsgrößen des Entscheidungskalküls in einem Überblick dargestellt.

5.3.4 Wirkungen von Staatseingriffen im Überblick

Der Gegenwartswert des individuellen Kosten-Ertrags-Entscheidungskalküls verändert sich unter Berücksichtigung von ertragsabhängigen Steuern auf die Erträge aus der Humankapitalnutzung beziehungsweise auf die Basiserträge sowie durch Mindestlöhne in allgemeiner Form in der Gleichung (28) zu[332]

$$V_{netto} = - K_{HK, netto} + E_{HK, netto}. \qquad (28)$$

In diese Gleichungen können nun die konkreten Kosten- und Ertragsgrößen unter expliziter Berücksichtigung der Staatseingriffe eingesetzt werden. Setzt man beispielsweise

- die beiden Belastungssätze b_{HK} (Humankapitalertragsbelastungsquote) und b_B (Basisertragsbelastungsquote),
- subventionierte direkte Kosten $K_{dir., subv.}$,
- staatliche Mindestlöhne $E_{B, mind.}$,
- eine vorzeitige gesetzliche Altersgrenze (n - v) und
- eine Unterbrechungsphase von s1 bis s2

in die Gleichung (28) ein, ergibt sich ein Nettogegenwartswert V_{netto} die Gleichung (29) als[333]

$$V_{netto} = - \sum_{t=0}^{n-1} (K_{dir., subv., t} + K_{G, t} \; (1 + d)^{-t} + \sum_{t=1}^{n} (1 - b_{HK}) \; E_t \, (1 + d)^{-t} \qquad (29)$$

---

[332] Die Gleichung basiert auf der Grundform des rein privaten Kosten-Ertrags-Entscheidungskalküls der *Gleichung (5)* in *Gliederungspunkt 2.4.2.*

[333] Die Gleichung basiert auf der *Gleichung (6)* in *Gliederungspunkt 2.4.2.*

mit $K_{G,t} = (1 - b_B)\, E_{B,\,mind.,\,t}$

und

$$\sum_{t=s_1}^{s_2} E_t \, (1+d)^{-t} = 0 \, .$$

Erfolgt die Einflußnahme des Staates auf die Investitions- und die Erwerbsphase mit verschiedenen Aktivitäten in Kombination, ist die Gesamtrentabilitätswirkung auf den Nettogegenwartswert des Individualkalküls nicht eindeutig. Die verschiedenen in Gleichung (29) zusammengefaßten Wirkungen der Erhebung von Steuern auf die Erträge veranschaulicht die Abbildung 25.

Die Humankapitalinvestition ist bei den staatlichen Eingriffen aus der Abbildung 25 um so vorteilhafter,

- je niedriger die staatlich festgesetzten Mindestlöhne liegen,
- je höher die Besteuerung und die Beitragslast der Basiserträge durch staatliche Institutionen ist,
- je niedriger die Steuern und Zwangsbeiträge an den Staat auf die Erträge aus der Humankapitalinvestition sind,
- je später die letzte Erwerbsperiode durch den Staat festgesetzt wird und
- je kürzer die Zwangsunterbrechungsphase andauert.

Hohe Mindestlöhne vergrößern ceteris paribus den Opportunitätskostenblock der Investition der Fläche (2). Die Festlegung der letzten Erwerbsperiode durch den Staat verringert bei denjenigen Individuen, die über diesen Zeitpunkt hinaus eine Tätigkeit hätten ausüben wollen, die Ertragsfläche (1) um eine oder mehrere Erwerbsperioden. Die Erträge der letzten Perioden müssen ex post abgeschrieben werden. Durch ein hohes Mindestlohnniveau und vorzeitigen erzwungenen

Abbruch der Erwerbsphase werden Entscheidungen für Humankapitalinvestitionen weniger vorteilhaft. Die Fläche (1) in der Abbildung 25 verkleinert sich bei hohen Belastungssätzen b_{HK}, die Fläche (2) bei einem hohen Basisbelastungssatz b_B.

Abbildung 25:

Konkrete Wirkungen von Staatseingriffen auf individuelle Kosten und Erträge

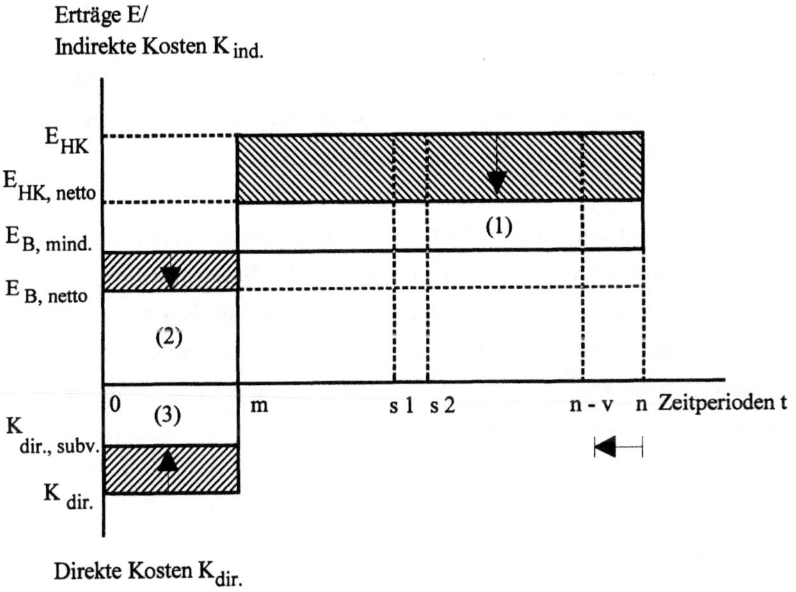

Quelle: eigene Abbildung.

Bei einem stark progressiv ausgestalteten Steuertarif,[334] also im betrachteten konkreten Fall, wenn $b_{HK,t} >> b_{B,t}$ ist,[335] verschlechtert sich bei einer jährlichen Periodizität die relative Ertragsposition derjenigen Steuerzahler, die im Zeitablauf laufende Erträge in sehr unterschiedlicher Periodenhöhe erhalten.[336] In den Perioden mit sehr niedrigen Zuflüssen zahlen diese Steuerpflichtigen zwar kaum oder keine Steuern, durch die Progressivität müssen sie aber in den Perioden mit sehr hohen Zuflüssen im Vergleich zu der gleichmäßigen Besteuerung konstanter Zuflüsse einen überproportional hohen Steueranteil leisten.

Bei langfristigen Investitionen in Humankapital entstehen in der Investitionsphase Ertragsausfälle, das heißt, die steuerliche Belastung entfällt oder ist sehr gering. In der Erwerbsphase mit vergleichsweise sehr hohen Erträgen werden diese Erträge durch hohe Steuerzahlungen belastet. Aufwendige Humankapitalinvestitionsvorhaben sinken in ihrer Rentabilität bei einem stark progressiven Steuertarif auf die Erträge aus der Humankapitalbildung.

BRÜMMERHOFF schlägt zur Abmilderung der Progressionswirkungen einer periodischen Jahresbesteuerung die Ausdehnung des der Besteuerung zugrundeliegenden Zeitraums bis über den gesamten Lebenszeitraum als Besteuerungsgrundlage vor.[337] Ein aus distributiven Zielsetzungen in der Gesellschaft erwünschter progressiver Besteuerungstarif könnte dann beibehalten werden, ohne daß es zu allokativen Verzerrungen bei der Besteuerung von Tätigkeiten ohne Humankapi-

---

[334] Vgl. **Homburg** (1997), S. 70 - 91.

[335] Alternativ läßt sich ein gleichbleibender proportionaler Steuertarif mit $b_{HK,t} = b_{B,t}$ annehmen. Ein solcher konstanter Tarif wäre für die Frage der Abgrenzung der Besteuerungsperiode von geringerer Bedeutung, vgl. **Brümmerhoff** (1992), S. 299.

[336] Vgl. **Brümmerhoff** (1992), S. 298 f.

[337] Vgl. **Brümmerhoff** (1992), S. 299; die dort angesprochenen Probleme einer Einführung langfristiger zeitlicher Bemesssungsgrundlagen sind meines Erachtens nicht unüberwindlich und stehen einer konsequenten Einführung in entwickelten Volkswirtschaften nicht entgegen; vgl. auch die ausführliche Diskussion über den Einfluß der langfristigen zeitlichen Verteilung der Erträge aus Beschäftigungsverhältnissen bei **Brümmerhoff** (1977), sowie die Ausgestaltungsvorschläge einer „idealen" Humankapitalbesteuerung von **Kaplov** (1993), **Kaplov** (1996).

talinvestitionen einerseits und Tätigkeiten mit hohem Humankapitalinvestitionsaufwand andererseits kommen müßte. Humankapitalbildung und -nutzung würden auch bei Zensiten mit sehr unterschiedlichen Verläufen und Verteilungen der Periodenerträge, zum Beispiel wegen ungewollter Ausfallzeiten infolge von Krankheit, Arbeitslosigkeit, Wehr-/Zivildienst, aber auch wegen freiwilligen Kindererziehungszeiten der Mutter oder des Vaters, angemessen besteuert.

Durch eine langfristige Ausdehnung des der Steuerhöhe zugrundeliegenden Bemessungszeitraums würde verhindert, daß Individuen, die in spezifisches Humankapital investiert haben und bei dem die Erträge im Zeitablauf stark schwanken, bei der progressiven Besteuerung schlechtergestellt würden als Individuen, die konstante Ertragsströme während der Erwerbsphase erwarten können. Investoren mit hochspezifischem Humankapital, das Ertragsschwankungen unterliegt, könnten beispielsweise Schriftsteller sein, die ihre Erträge jeweils bei Fertigstellung eines neuen Buchs im Abstand von mehreren Jahren unregelmäßig erhalten. Auch Selbständige realisieren wohl im Zeitablauf stärker schwankende Erträge als abhängig Beschäftigte mit regelmäßigen Gehaltszahlungen durch den Arbeitgeber.

5.4 Kritik staatlicher Eingriffe

In Abschnitt 5.1 wurden die Wirkungen von staatlichen Eingriffen im allgemeinen dargestellt, in den Abschnitten 5.2 und 5.3 die Wirkungen von ausgewählten staatlichen Maßnahmen während der Investitions- und der Erwerbsphase im besonderen. Solche Staatseingriffe sind nicht problemlos und sollen deshalb vor dem Hintergrund der vorangegangenen Analysen dieser Schrift kritisch diskutiert werden.

Generell bestehen bei der Bestimmung einer geeigneten Höhe der Staatseingriffe in individuelle Humankapitalinvestitionskalküle erhebliche *Identifizierungs- und Quantifizierungsprobleme* bei der Identifizierung geeigneter Subventionsbegünstigter und der Quantifizierung des Subventionsumfangs für die Subventionsleistungen.[338] Die Höhe des gebildeten Humankapitals und der aus dem Individualkalkül heraus erwarteten internen Verzinsung bei Investitionen kennt nur der Investor selbst. Der exakte Humankapitalbestand und die tatsächliche interne Verzinsung lassen sich daher exogen nicht messen.

Bei einer analytischen Betrachtung aus der individuellen, mikroökonomischen Perspektive des Einzelnen ist diese Tatsache problemlos, da der Investor seine individuellen Präferenzen einschätzen kann.[339] Diesbezügliche Probleme treten aber dann auf, wenn man die interne Verzinsung einer Humankapitalinvestition benötigt, um die geeignete Subventionshöhe zu determinieren.[340] Um die *Zielgenauigkeit* der Subventionen zu gewährleisten, müßten genügend Informationen über die relevanten Größen vorliegen. Bei unvollständiger Information seitens staatlicher Institutionen können Individuen aber ihre tatsächlichen Kosten-Ertrags-Kurvenverläufe verschleiern.[341] Das persönliche Entscheidungskalkül eines Investors ist in der Realität regelmäßig von außerhalb nicht beobachtbar, die Zielgenauigkeit monetärer Humankapitalsubventionen bleibt aus gesamtwirtschaftlicher Sichtweise unzureichend.

Insbesondere bei Investitionen unter hoher Ungewißheit besteht für den Subventionsgeber ein *Auswahlproblem*: Welche Investoren und welche Art von ungewissen spezifischen Humankapitalinvestitionen sollen subventioniert werden? Das Problem der Eignung und Auswahl von Subventionsbegünstigten verstärkt sich, je weniger homogen das Humankapital einer Volkswirtschaft ist, das heißt,

---

338 KATH verweist in diesem Zusammenhang auf die signifikanten Unterschiede bei den jährlichen öffentlichen Ausgaben je Student nach Studienfächern in der Bundesrepublik Deutschland, vgl. **Kath** (1995), S. 457.

339 Zu den individuellen Präferenzen vgl. den *Gliederungspunkt 2.3.2*.

340 Vgl. **Organisation for Economic Co-operation and Development** (Hrsg.), bearbeitet von **Miller** (1996), S. 59 - 65.

341 Vgl. **Sesselmeier, Blauermel** (1997), S. 76.

je spezifischer das Humankapital in seinen verschiedenen Ausprägungsarten ist.[342]

Selektive Humankapitalsubventionen für bestimmte Bevölkerungsgruppen oder einzelne Investorengruppen mit bestimmten spezifischen Investitionsvorhaben sowie die Besteuerung der Humankapitalerträge sind neben allokativen auch mit *Distributionswirkungen* verbunden. Je nach Ausgestaltung der Subventionen kann eine auf den Abbau von Vermögensdifferenzen gerichtete redistributive Subventionierung eine bestehende gesellschaftliche Ungleichverteilung von individuellen Erträgen und Vermögen auch verstärken.[343]

Bei einer Finanzierung von Bildungssubventionen aus allgemeinen Steuermitteln findet eine Umverteilung zu Lasten des Steuerzahlers zugunsten der Humankapitalinvestoren statt.[344] Werden direkt subventionierte staatliche Bildungsinstitutionen vorwiegend von Investoren aus vermögenden Familien genutzt, so wird die distributive Zielvorgabe einer stärkeren Gleichverteilung der Ertragserzielungsmöglichkeiten beziehungsweise der Vermögensverhältnisse innerhalb der Gesellschaft durch diese Art der Humankapitalsubventionierung verfehlt.

Das dieser Arbeit zugrundeliegende Modell ist ein reines Investitionsmodell.[345] Es besteht aber bei staatlichen Subventionen die Gefahr einer *Substitution von Investitionen durch Konsum* durch Subventionsempfänger. Sehen Individuen bestimmte Teile ihrer Bildung und Ausbildung statt als Investitionsgut als Konsumgut an, und integrieren sie in ihr Kalkül nicht beobachtbare nicht-monetäre konsumtive Nutzen, wird Konsumtion, nicht aber wie gewünscht die Investitionstätigkeit in Humankapital subventioniert.

---

342 Zu den Spezifitätsarten vgl. den *Gliederungspunkt 3.2.2.*

343 Vgl. auch **Polachek, Siebert** (1993), S. 60 - 64.

344 Vgl. **Kath** (1995), S. 458.

345 Zu der Abgrenzung von individuellem Humankapital als einem Investitions- beziehungsweise Konsumgut vgl. den *Gliederungspunkt 2.2.2.*

Ohne Subventionen würden die Individuen solche Aktivitäten nicht durchführen, da sie sich als Investitionen nicht rentierten. Eine monetäre Investitionssubvention in Humankapital kann weiterhin außer durch Konsum von Humankapital auch durch andere Konsumgüter substituiert werden. Werden Subventionen -wie oben angenommen- als monetäre Mengensubventionen gezahlt, ist nicht sicher, daß die Mittel tatsächlich für zusätzliche Humankapitalinvestitionen genutzt werden. Es ist möglich, daß eine Substitution von Humankapital durch andere Güter stattfindet. Die Ausgaben für Humankapitalinvestitionen blieben in diesem Fall konstant, aber es würden mehr Konsumgüter beschafft werden. Die Subvention hätte dann ihr investitionsförderndes Ziel verfehlt. Eine solche Substitution läßt sich in einem bestimmten Umfang durch Kontrollen der Investitionstätigkeit vermeiden. Beispielsweise kann die Investitionshöhe durch den Leistungsnachweis in Form von Investitionszertifikaten, die den erreichten Humankapitalbestand widerspiegeln,[346] ansatzweise ermittelt werden.

Substitutionseffekte wären bei Subventionen der direkten Investitionskosten in Form von Bildungsinfrastruktur geringer und die Subventionierung hinsichtlich des Investitionsziels zielgerichteter, da sie allein für den gewünschten Zweck verwendet werden können, die potentiellen Ausweicheffekte monetärer Subventionen der Subventionsempfänger auf alternative Konsumgüter treten nicht auf.

Das Vorhandensein und die *Höhe der positiven externen Effekte* von Investitionen in Humankapital sind in der Literatur umstritten[347] und nicht quantitativ bestimmbar beziehungsweise meßbar. Außerdem können aus dem Aufbau einer staatlichen Subventionsbürokratie und den dadurch verursachten Verwaltungskosten auch negative externe Effekte resultieren.[348]

---

346 Zum Screening/Signaling vgl. den *Gliederungspunkt 2.5.2.*

347 Vgl. **Cohn, Geske** (1990), S. 25 f.; vgl. auch die gut begründete Kritik bei **van Lith** (1983), S. 10 - 23, sowie die ausführliche kritische Diskussion der externen Effekte von Bildungssubventionen bei **van Lith** (1985), S. 18 - 47.

348 Vgl. **Lieberman** (1989), S. 25 - 56.

Staatliche Subventionierungen der direkten wie der indirekten Kosten der Humankapitalbildung müssen durch staatliche Einnahmen gegenfinanziert werden. Zur *Gegenfinanzierung der Subventionen* sind in der Regel Steuern als Reduktion der Ertragsgrößen einzubeziehen.

In den Subventionsmodellen in Abschnitt 5.2 wurden die Subventionen als exogen finanziert und damit gegeben betrachtet. Dabei wurde vernachlässigt, daß staatliche Subventionen als Ausgaben der öffentlichen Haushalte durch fiskalische Einnahmen gegenfinanziert werden müssen. Bei einem hohen Subventionssatz für die Investitionen aus allokativen oder distributiven Gründen entstehen für den Staat erhebliche Finanzierungsprobleme.[349] Bei einer Gegenfinanzierung durch Steuern und durch die Art ihrer Erhebung gehen Einflüsse auf die erwarteten (Netto-)Erträge aus. Die Steuererhebung hat damit direkte Rückwirkungen auf das individuelle Kalkül.

Werden die Subventionen für die Humankapitalbildung über eine Besteuerung der zukünftigen Erträge finanziert, hat diese Besteuerung Rückwirkungen auf die Erträge aus der Humankapitalbildung, die Bruttoerträge müssen um die Steuern gemindert werden, die tatsächlichen Nettoerträge, die dem Investor verbleiben, sinken, so daß in diesem Fall gleichzeitig mit der Verringerung der Investitionskosten durch staatliche Subventionen eine Verringerung der Erträge einhergeht, die den Gegenwartswert der Humankapitalinvestition wiederum belasten.[350]

Durch die staatlichen Einflüsse in der Erwerbsphase kommt es im Individualkalkül möglicherweise zu *signifikanten Verzerrungen* in der Vorteilhaftigkeit seiner Humankapitalinvestition. Subventionen, progressive Steuertarife, Mindestlöhne und zeitliche Begrenzungen der Erwerbsphase führen zu Änderungen im

---

349 Vgl. auch **Cohn, Geske** (1990), S. 277 f.; sie diskutieren ohne abschließende Stellungnahme die Frage, welche Gebietskörperschaft die Humankapitalsubventionen bei hoher räumlicher Mobilität der Investoren in der Investitions- wie der Erwerbsphase finanzieren sollte.

350 Vgl. **Quigley, Smolensky** (1990).

Kalkül, die nicht den marktlichen Determinanten des Arbeitsmarktes entsprechen und daher zu Fehlallokationen beim Produktionsfaktor Humankapital führen können.[351] Das menschliche Potential einer Volkswirtschaft wird dann nicht in die produktivste allokative Verwendung gelenkt, die Ressourcen der Menschen werden verschwendet.

Die staatliche Wirtschaftspolitik kann statt durch diskretionäre Eingriffe durch die Ausgestaltung des allgemeinen Ordnungsrahmens der Volkswirtschaft zu einer optimierten Humankapitalbildung und -nutzung beitragen.[352] EUCKEN fordert unter anderem eine Stetigkeit des Steuersystems im Zeitablauf:

> „Die langfristige Festlegung von Steuern, ... ist von erheblicher Bedeutung. Solange sie fehlt, ist mit einer ausreichenden Neigung zu investieren nicht zu rechnen."[353]

Folgt die staatliche Wirtschaftspolitik in ihren Grundsätzen der EUCKENSCHEN Empfehlung einer Konstanz der Wirtschaftspolitik,[354] so hat eine solche Verstetigung tendenziell stabilisierenden Einfluß auf die langfristig angelegte individuelle Humankapitalinvestitionstätigkeit.[355] Die Planungssicherheit für das Investitionskalkül bis zum Zeithorizont seines Entscheidungskalküls würde durch stetige Bedingungen steigen und damit der Ungewißheitsfaktor reduziert.

Ist die staatliche Wirtschaftspolitik demgegenüber als Gegenszenario durch beliebig erscheinende Ad-hoc-Entscheidungen zum Beispiel bei der kurzfristigen Änderung von Steuertarifen und Sozialversicherungsbeitragssätzen in großen Sprüngen zur Deckung kurzfristigen Finanzbedarfs staatlicher und parastaatlicher Institutionen geprägt und dadurch unberechenbar, so werden die individuellen Investoren auf diese erhöhte Ungewißheit über ihre zu erwartenden Nettoerträge

---

351 Vgl. **Steuerle** (1996), 355 f.; vgl. auch **Brinkmann** (1993), S. 18, **Layard** (1979).

352 Vgl. grundlegend **Eucken** (1990/52).

353 **Eucken** (1990/1952), S. 288.

354 Vgl. **Eucken** (1990/52), S. 285 - 289.

355 Zu der Forderung einer Verstetigung des Steuerrechts vgl. auch **Andel** (1992), S. 273.

in der Erwerbsphase mit einer reduzierten Humankapitalbildung, insbesondere in hochqualifiziertes spezifisches Humankapital, reagieren.

Will ein Investor zum Beispiel unternehmens-, markt- und kulturspezifisches Humankapital bilden, muß er sein Kapital in dem jeweiligen Unternehmen/auf dem Markt/in dem Kulturkreis einsetzen, er kann dann ex post staatlichen Eingriffen kaum noch durch berufliche und räumliche Mobilität ausweichen.

Kann er aber nicht mit konstanten Belastungen aus Staatseingriffen rechnen und wäre er durch die Spezifität seiner Investitionen festgelegt, sondern erwartet er unter Umständen sehr hohe oder unvorhersehbare Belastungsquoten, wird er eine solche Investition im Zweifelsfall unterlassen.

In einem individualistischen Wirtschaftssystem[356] trägt das einzelne Wirtschaftssubjekt, bei der Humankapitalbildung also das investierende Individuum, und nicht eine lenkende staatliche Instanz, die Verantwortung für die Entscheidungsprozesse bei der Humankapitalbildung und -nutzung. Will man die individuelle Entscheidungsfindung stärken, sollten Kosten und Erträge aus Humankapitalinvestitionen auch unter Berücksichtigung staatlicher Einflußgrößen langfristig erkennbar und möglichst für das Individuum in ihrem Eintreten vorhersehbar sein. Auf diese Weise wird das Entscheidungskalkül fundiert und in der Volkswirtschaft wird optimal investiert.

[356] Vgl. in Abgrenzung zur Funktionsweise individueller Wirtschaftssysteme die Untersuchung kollektiver sozialistischer Wirtschaftssysteme und ihres ökonomischen Scheiterns **Marktanner** (1997), S. 15 - 86.

6 Schlußbetrachtung

In der vorliegenden Untersuchung wird gezeigt, daß mit dem Humankapitalansatz nach verschiedenen Erweiterungen systematisch das Verhalten von individuellen Investoren, die sich auf einer rationalen Basis für bestimmte allgemeine und spezifische Humankapitalinvestitionen in Form von Schooling in Bildungsinstitutionen und On-the-job Training in Unternehmen entscheiden, erklärt werden kann.

Die zunächst vorgestellte, einfache Kausalitätskette zum Humankapitalinvestitionsverhalten als Kosten-Ertrags-Entscheidungskalkül bildet die analytische Grundlage bei einer mikroökonomisch fundierten Betrachtung der Humankapitalbildung und -nutzung von Individuen (siehe Kapitel 2). Die diskutierten Kritikansätze an der Humankapitaltheorie der Ability- wie der Screening-Hypothese können im Kern ihrer Kritik nicht überzeugen, sondern sind als periphere komplementäre Modelle zum Humankapitalansatz aufzufassen, die die Hauptaussagen und die Validität des Ansatzes nicht gefährden können.

Die Humankapitalmodellierung vereinfacht extrem und ist deshalb als alleiniges Analyseinstrument nicht imstande, das Entscheidungsverhalten bei der Humankapitalbildung und -nutzung umfassend ausdifferenziert abzubilden und zu erklären. Die einfache Humankapitaltheorie reicht nicht aus, weil sie auf unabhängig getroffene, individuelle Wahlentscheidungen mit gegebener hinreichender Nachfrage nach dem gebildeten Humankapital auf dem Arbeitsmarkt bei in einem konstanten gesamtwirtschaftlichen Umfeld zu sehr fixiert ist.

Um die komplexen Investitionsentscheidungsprozesse aller Individuen bei unterschiedlich spezifischem Humankapital unter hoher Ungewißheit in einer sich dynamisch entwickelnden Volkswirtschaft hinreichend zu erklären, bedarf der Ansatz, wie in den vorangegangenen Kapiteln gezeigt, der theoretischen Erweiterung und Ergänzung um diverse supraindividuelle Aspekte.

Das einfache Humankapitalmodell wird innerhalb des Kosten-Ertrags-Modellrahmens um verschiedene theoretische Konstrukte erweitert (siehe Kapitel 3). Auf diese Weise soll der Realitätsnähegehalt der Modelle, die das individuelle Humankapitalinvestitionskalkül abbilden, erhöht werden. Die Überlegungen umfassen zunächst signifikante Erweiterungen der rationalen individuellen Entscheidungskalküle um unterschiedliche Zeitperspektiven, verschiedene Ertragsdifferenzen, Entscheidungsverhalten unter Ungewißheit und über Migration.

Zentral ist dabei die Unterscheidung in allgemeines und spezifisches Humankapital, da die Verwendungsmöglichkeiten des spezifischen Humankapitals auf dem Arbeitsmarkt auf wenige, bestimmte Einsatzgebiete beschränkt sind und diese Beschränkung nachhaltige Wirkungen auf die Ungewißheit bei den Investitionsvorhaben hat.

In einem weiteren Schritt werden in den Analyserahmen exogene Einflußgrößen wie makroökonomische Entwicklungstendenzen und mesoökonomische Strukturbrüche (siehe Kapitel 4) sowie Staatseingriffe (siehe Kapitel 5) integriert, um die individuellen Entscheidungsprozesse unter Berücksichtigung des gesamtwirtschaftlichen Kontexts analysieren zu können.

Im Ergebnis zeigt sich, daß die hier betrachteten gesamtwirtschaftlichen Determinanten die Rentabilitäten aus Humankapitalinvestitionen entscheidend verändern können. Das individuelle Entscheidungskalkül des Investors muß möglicherweise gravierend modifiziert werden, um zu Erklärungsansätzen zu kommen, die die Bedingungen der Realität besser widerspiegeln, als die zu stark vereinfachenden Kausalitätsketten hinsichtlich der Humankapitalbildung und -nutzung der traditionellen Modelle.

Auf den Arbeitsmärkten bieten auch zahlreiche andere Investoren ihr allgemeines und spezifisches individuelles Humankapital an. Die unabhängig getroffenen Investitionsentscheidungen wirken über marktliche Prozesse auf die Vorteilhaftigkeit jedes einzelnen individuellen Investitionsvorhabens ein. Während bei allgemeinem Humankapital der Investor theoretisch ubiquitäre Einsatzmöglichkeiten seines Kapitals im Produktionsprozeß hat, ist der Investor in hochspezifisches Humankapital an bestimmte Verwendungen auf einem spezifischen Arbeitsmarkt gebunden, im Extremfall vollständig spezifischen Humankapitals gibt es nur eine produktive Einsatzmöglichkeit für ihn.

Allerdings benötigen die Unternehmen als Nachfrager auf dem Arbeitsmarkt für spezifische Tätigkeitsfelder in komplexen Produktionsprozessen entsprechend spezifisches Humankapital. Die Arbeitgeber haben bei der Einstellung hohe Kontrollkosten, weil die Qualität des Humankapitals eines Anbieters vor dem Einsatz nicht zuverlässig zu beurteilen ist. In den ersten Beschäftigungsphasen entstehen wegen des Bedarfs an arbeitsplatz- und unternehmensspezifischen Qualifikationen hohe Einarbeitungskosten. Bei spezifischen Tätigkeiten erwerben die Beschäftigten regelmäßig arbeitsplatz-, sektor- und marktspezifisches Humankapital über Lernprozesse im Produktionsprozeß. Solches Humankapital ist über einen langfristigen Zeitraum rentabel zu nutzen. Insofern sind sowohl Anbieter als auch Nachfrager bei spezifischem Humankapital aneinander gebunden und es entstehen humankapitaltheoretisch begründete langfristige Bindungen zum Vorteil beider Marktseiten.

Struktureinbrüche in einer Volkswirtschaft, das heißt eine hohe Ex-post-Entwertung von vorhandenem Humankapital in sterbenden Sektoren, sind für den Einzelnen durch das Prinzip der Ex-ante-Kalkulation über einen langfristigen Zeitraum von mehreren Jahrzehnten nicht vorhersehbar; eine exogene Ungewißheit im Entscheidungskalkül bleibt in jedem Fall. Allerdings können und sollten junge Investoren ex ante versuchen, sich Informationen über beobachtbare Arbeitsmarkttendenzen beschaffen, um informationsbedingte Ungewißheit über die mögliche Humankapitalnutzung zu vermeiden. Sie sollten Investitionen in spezifisches Humankapital in nicht mehr wettbewerbsfähiger Branchen, die nur noch durch massive Subventionen überleben können und zukünftig im Marktprozeß nicht mehr wettbewerbsfähig sein werden, unterlassen.

Bei staatlichen Eingriffen, sei es beispielsweise durch Subventionen der Humankapitalbildung während der Investitionsphase oder sei es durch Steuern auf die Humankapitalerträge in der Erwerbsphase, ist zu berücksichtigen, daß sie massive Wirkungen auf die Rentabilität individueller Humankapitalkalküle und damit erhebliche Anreizwirkungen auf die Investitionsentscheidungen des Einzelnen haben. Die allokationsverzerrenden Wirkungen staatlicher Instrumente auf das Individualkalkül sollten immer in die Entscheidung pro oder contra Staatseingriff einbezogen werden.

So belastet eine progressive Besteuerung der Erträge aus Beschäftigungsverhältnissen diejenigen Individuen besonders hoch, die unter Ungewißheit hohe Humankapitalinvestitionen vorgenommen haben und in der Erwerbsphase stark schwankende Erträge realisieren. Eine jährliche Steuer mit hoher Progression senkt die Rentabilität von Humankapitalinvestitionen mit schwankenden Rückflüssen im Vergleich zu Investitionsvorhaben mit konstanten Rückflüssen und benachteiligt Humankapitalinvestoren.

Wenn die Individuen hohe monetäre und nicht-monetäre Humankapitalerträge aus Investitionen in Humankapital über eine lange Erwerbsphase realisieren, dann sollten sie vorher in der Investitionsphase auch die Kosten der Humankapitalbildung tragen. Exzessive Subventionen von Humankapitalinvestoren lassen sich dann nicht begründen. Begründbar sind Subventionen der Humankapitalbildung meines Erachtens mit Unvollkommenheiten des Kapitalmarkts bei der Finanzierung von individuellen Investitionen in Humankapital.

Definitionsgemäß ist Humankapital immer unmittelbar mit dem Individuum verbunden. Auf Grund individueller Freiheitsrechte bietet das Humankapital für ein Kreditinstitut keine pfändbare Sicherheit, so daß eine privatwirtschaftliche

Kreditfinanzierung von Humankapitalinvestitionen nur in sehr begrenztem Umfang möglich ist. Aus diesem Merkmal des Humankapitals resultieren Finanzierungsnachteile von Humankapital gegenüber Sachkapital, die positive Subventionen begründen können.

Die Kosten-Ertrags-Kalküle des Einzelnen sind langfristig angelegt. Die Investitionen in Schooling und On-the-job Training beanspruchen eine Investitionsphase über mehrere Jahre, die Erwerbsphase dauert in der Regel mehrere Jahrzehnte an. Insbesondere hochspezifisches Humankapital mit hoher Unternehmens-, Markt- und Branchenspezifität läßt sich nicht kurzfristig aufbauen. Entsprechend sind lange Erwerbsphasen erforderlich, damit die Investitionsvorhaben rentabel werden.

Diese langfristige Perspektive bei der Ex-ante-Kalkulation der erwarteten Kosten und Erträge sollte in der Wirtschaftspolitik unbedingt berücksichtigt werden. Sie sollte über die langfristige Setzung des gesamtwirtschaftlichen Ordnungsrahmens in einer Volkswirtschaft möglichst dauerhaft stabile exogene Investitionsbedingungen für die Individuen und damit eine größere Planungssicherheit schaffen. Durch eine stetige Wirtschaftspolitik wird die exogen bedingte Ungewißheit in den Investitionskalkülen reduziert. Der Entscheidungsspielraum des Einzelnen sollte nicht durch diskretionäre, destabilisierende Ad-hoc-Staatseinflüsse eingeschränkt werden. Auch im gesamtwirtschaftlichen Kontext würde sich ohne verzerrende staatliche Interventionen eine optimale Ressourcenallokation in der Volkswirtschaft einstellen. Das menschliche Potential der Volkswirtschaft würde in the long run effizient genutzt.

Das in dieser Arbeit vorgestellte und erweiterte Humankapitalentscheidungsmodell über individuelle Investitionen in allgemeines und spezifisches Humankapital kann dazu beitragen, daß die mikro-, meso- und makroökonomischen Determinanten, die auf die Kosten und Erträge einwirken, verdeutlicht werden und so die Kosten- und Ertragstransparenz einzel- wie gesamtwirtschaftlich verbessert wird.

Die individuellen Entscheidungsprozesse über allgemeine und insbesondere auch spezifische Humankapitalinvestitionen unterliegen nicht ausschließlich den Entscheidungen im Rahmen individueller rationaler Wahlhandlungen auf der Grundlage stabiler Präferenzen, sondern stehen in einem Spannungsfeld mit Einflußgrößen, die das Individuum in ihrer Ausgestaltung und Dynamik regelmäßig nicht beeinflussen kann. Diese Größen wirken unter Umständen massiv auf die Rentabilität seiner Investitionsüberlegungen ein und sind deshalb explizit in die Analyse einzubeziehen.

Der in dieser Arbeit vorgestellte erweiterte Untersuchungsrahmen ist prinzipiell zur Modellierung des Individualverhaltens bei der Entscheidung über allgemeines und spezifisches Humankapital, unter besonderer Berücksichtigung der in den Kapiteln 4 und 5 diskutierten exogenen gesamtwirtschaftlichen Einflußgrößen, geeignet. Er stellt nicht nur ein Analyseinstrument für humankapitaltheoretische Untersuchungen des individuellen Verhaltens dar, sondern bietet darüber hinaus ein Konzept für die Erfassung und Würdigung bei der Entwicklung und dem Einsatz gesamtwirtschaftlicher Instrumente. Die hier vorgestellten Modellierungen können einen mikroökonomisch fundierten Ansatzpunkt für Wirkungsanalysen bei aktuellen wirtschaftspolitischen Problemstellungen unter anderem der staatlichen Bildungspolitik, der Arbeitsmarktpolitik, der Migrationspolitik sowie bei der Verteilungs- und Sozialpolitik liefern.

Literaturverzeichnis

Adler, G. (Hrsg.) (1985/1930), Handbuch der Musikgeschichte, Band 2, 5. Aufl. 1985, München, nach der 2. Originalaufl. 1930, Berlin

Akademie für Raumordnung und Landesplanung (Hrsg.) (1992), Regionale und biographische Mobilität im Lebensverlauf, Hannover

Akademie für Raumordnung und Landesplanung (Hrsg.) (1993), Berufliche Weiterbildung als Faktor der Regionalentwicklung, Hannover

Akerlof, G. A. (1983), Loyalty Filters, in: American Economic Review 73, S. 54 - 63

Albach, H. (1980), Vertrauen in der ökonomischen Theorie, in: Zeitschrift für die gesamte Staatswirtschaft 136, S. 2 - 11

Alchian, A. A. (1965), Some Economics of Property Rights, in: Il Politico 30, S. 816 - 829

Alchian, A. A., Demsetz, H. (1972), Production, Information Costs, and Economic Organization, in: American Economic Review 62, S. 777 - 795

Alchian, A. A., Demsetz, H. (1973), The Property Rights Paradigm, in: Journal of Economic History 33, S. 16 - 27

Alewell, D. (1994), Informationsasymmetrien in Arbeitsverhältnissen. Ein Überblick über Anwendungsmöglichkeiten der Informationsökonomie in der Personalwirtschaftslehre, in: Zeitschrift für Betriebswirtschaft 64, S. 57 - 79

Alewell, D. (1998), Warum finanzieren Arbeitgeber transferierbare Weiterbildung?, in: Schmalenbachs Zeitschrift für betriebswirtschaftliche Forschung 50, S. 315 - 335

Alic, J. A. (1997), Knowledge, Skill and Education in the New Global Economy, in: Futures 29, S. 5 - 16

Amano, M. (1983), On the Harris-Todaro-Model with Intersectoral Migration of Labor, in: Economica 50, S. 311 - 323

Andel, N. (1980), Einkommenssteuer, in: Neumark, F., Andel, N., Haller, H. (Hrsg.), Handbuch der Finanzwissenschaft, Band 2, Tübingen, S. 331 - 401

Andel, N. (1992), Finanzwissenschaft, 3. Aufl., Tübingen

Ando, A., Modigliani, F. (1963), The "Life Cycle" Hypothesis of Saving: Aggregate Implications and Tests, in: American Economic Review 53, S. 55 - 84

Arrow, K. J. (1962), The Economic Implications of Learning by Doing, in: Review of Economic Studies 29, S. 155 - 173

Arrow, K. J. (1973), Higher Education as a Filter, in: Journal of Public Economics 2, S. 193 - 216

Arrow, K. J. (1993), Excellence and Equity in Higher Education, in: Education Economics 1, S. 5 - 12

Arrow, K. J. (1994), Methodological Individualism and Social Knowledge, in: American Economic Review 84, Papers & Proceedings, S. 1 - 9

Ashenfelter, O. C., Hallock, K. F. (Hrsg.) (1995a), Labor Economics. Labor Supply and Labor Demand, Volume I, Aldershot, Brookfield

Ashenfelter, O. C., Hallock, K. F. (Hrsg.) (1995b), Labor Economics. Employment, Wages and Education, Volume II, Aldershot, Brookfield

Ashenfelter, O. C., Hallock, K. F. (Hrsg.) (1995c), Labor Economics. Unemployment, Trade Unions and Dispute Resolution, Volume III, Aldershot, Brookfield

Ashenfelter, O. C., Hallock, K. F. (Hrsg.) (1995d), Labor Economics. Labor Market Discrimination, Labor Mobility and Compensating Wage Differentials, Volume IV, Aldershot, Brookfield

Ashenfelter, O. C., Layard, R. (Hrsg.) (1986), Handbook of Labor Economics, Volume I und II, Amsterdam et al.

Barro, R. J., Sala-i-Martin, X. (1995), Economic Growth, New York et al.

Baumol, W. (1959), Business Behaviour, Value and Growth, New York

Beck, H., Prinz, A. (1994), Wehrpflicht - ökonomisch betrachtet, in: Wirtschaftsdienst 74, S. 449 - 456

Beck, U. (1997), Ausbilden für das 21. Jahrhundert. Warum der Bedarf der Wirtschaft zu einer Wiederbelebung Humboldtscher Bildungsideale führt, in: Süddeutsche Zeitung 52, Nr. 246 vom 25./26. Oktober 1997, S. H2

Becker, G. S. (1960), Underinvestment in College Education, in: American Economic Review 50 (Supplement), S. 346 - 354

Becker, G. S. (1962a), Investment in Human Capital: A Theoretical Analysis, in: Journal of Political Economy 70 (Supplement), S. 9 - 49

Becker, G. S. (1962b), Irrational Behaviour and Economic Theory, in: Journal of Political Economy 70, S. 1 - 13

Becker, G. S. (1965), A Theory on the Allocation of Time, in: Economic Journal 75, S. 493 - 508

Becker, G. S. (1967), Human Capital and the Personal Distribution of Income, W. S. Woytinsky Lecture No. 1, Department of Economics, Institute of Public Administration, University of Michigan, Ann Harbor

Becker, G. S. (1976), The Economic Approach to Human Behavior, Chicago, London

Becker, G. S. (1989), Human Capital Revisited, abgedruckt in: Becker, G. S., Human Capital, A Theoretical and Empirical Analysis with Special Reference to Education, Chicago, London 1993, 3. Aufl., S. 15 - 26

Becker, G. S. (1993/1964), Human Capital. A Theoretical and Empirical Analysis with Special Reference to Education, Chicago, London, 3. Aufl., Originalaufl. 1964

Becker, G. S. (1993a), Government, Human Capital, and Economic Growth, in: Industry of Free China 49, S. 47 - 56

Becker, G. S. (1993b), Nobel Lecture: The Economic Way of Looking at Behaviour, in: Journal of Political Economy 101, S. 385 - 409

Becker, G. S. (1995), Human Capital and Economic Growth, in: Prague Economic Papers 3, S. 223 - 228

Becker, G. S. (1996), Accounting for Tastes, Cambridge, London

Becker, G. S., unter Mitarbeit von **Grossman, M., Michael, R. T.** (1971), Economic Theory, New York, Toronto

Becker, G. S., Nashat Becker, G. (1996), The Economics of Life. From Baseball to Affirmative Action to Immigration, How Real-World Issues Affect Our Everyday Life, New York et al.

Ben-Porath, Y. (1967), The Production of Human Capital and the Life Cycle of Earnings, in: Journal of Political Economy 75, S. 352 - 356

Bird, E. J., Schwarze, J., Wagner, G. G. (1992), The Changing Value of Human Capital in Eastern Europe: Lessons from the GDR, Discussion Paper No. 55, Deutsches Institut für Wirtschaftsforschung, Berlin

Blaug, M. (1970), An Introduction to the Economics of Education, Nachdruck 1991, Aldershot

Blaug, M. (1976), The Empirical Status of Human Capital Theory: A Slightly Jaundiced Survey, in: Journal of Economic Literature 14, S. 827 - 855

Blaug, M. (1982), The Distributional Effects of Higher Education Subsidies, in: Economics of Education Review 1, S. 209 - 231

Blaug, M. (1985), Where Are We Now in the Economics of Education?, in: Economics of Education Review 4, S. 17 - 28

Blaug, M. (1992), The Methodology of Economics. Or how Economists Explain, 2.Aufl., Cambridge, New York, Oakleigh

Blaug, M. (Hrsg.) (1992), The Economic Value of Education: Studies in the Economics of Education, Aldershot

Blohm, H., Lüder, K. (1995), Investition. Schwachstellenanalyse des Investitionsbereichs und Investitionsrechnung, 8. Aufl., München

Blossfeld, H.-P., Hannan, M. T., Schömann, K. (1993) Die Bedeutung der Bildung im Arbeitseinkommensverlauf. Theoretische Ergebnisse im Lichte der Ergebnisse einer Längsschnittuntersuchung, in: Lüdeke, R. (Hrsg.), Bildung, Bildungsfinanzierung und Einkommensverteilung I, Berlin

Bonus, H., Weiland, R. (1995), Die Welt der Institutionen, in: Dieckheuer, G. (Hrsg.), Beiträge zur angewandten Mikroökonomik, Berlin et al., S. 29 - 52

Börsch-Supan, A. (1995), Intertemporale Substitution, in: Das Wirtschaftsstudium 24, S. 147 - 152

Bowles, S. (1972), Schooling and Inequality from Generation to Generation, in: Journal of Political Economy 80, Supplement, S. S219 - S251

Bowles, S., Gintis, H. (1975), The Problem with Human Capital Theory: A Marxian Critique, in: American Economic Review 65, S. 74 - 82

Bowles, S., Gintis, H. (1976), Schooling in Capitalist America. Educational Reform and the Contradictions of Economic Life, London, Henley-on-Thames

Bowman M. J. (1994), The Economics of Education in a World of Change, in: Hoffman, E. P. (Hrsg.), Essays on the Economics of Education, Kalamazoo

Braun, N. (1998), Der Rational-choice-Ansatz in der Soziologie, in: Pies, I., Leschke, M. (Hrsg.), Gary Beckers ökonomischer Imperialismus, Tübingen, S. 147 - 173

Brealey, R. A., Myers, S. C. (1996), Principles of Corporate Finance, 5. Aufl., New York et al.

Brent, R. J. (1996), Applied Cost-Benefit Analysis, Cheltenham, Brookfield

Brinkmann, G. (1993), Bildung, Bildungsfinanzierung und Einkommensverteilung. Ein wissenschaftstheoretisches Modell und die Untersuchungswirklichkeit, in: Lüdeke, R. (Hrsg.), Bildung, Bildungsfinanzierung und Einkommensverteilung I, Berlin, S. 9 - 37

Brown, C. (1988), Minimum Wage Laws: Are They Overrated?, in: Journal of Economic Perspectives 2, S. 133 - 145

Brown, C., Gilroy, C., Kohen, A. (1982), The Effect of Minimum Wages on Employment and Unemployment, in: Journal of Economic Literature 20, S. 487 - 528

Brümmerhoff, D. (1977), Zur Beeinflussung der Verteilung der Jahres- und Lebenseinkommen durch die Finanzpolitik, Tübingen

Brümmerhoff, D. (1992), Finanzwissenschaft, 2. Aufl., München, Wien

Buchanan, J. (1966), Economics and its Scientific Neighbors, in: Krupp, S. R. (Hrsg.), The Structure of Economic Science: Essays on Methodology, Englewood Cliffs, S. 166 - 183

Buchanan, J., Stubblebine, W. C. (1962), Externality, in: Economica 29, S. 371 - 384

Bundesministerium für Bildung, Wissenschaft, Forschung und Technologie (Hrsg.) (1996), Grund- und Strukturdaten 1996/97, Bonn

Bundesministerium für Bildung, Wissenschaft, Forschung und Technologie (Hrsg.) (1997), Berufsbildungsbericht 1997, Bonn

Buttler, F., Tessaring, M. (1993), Humankapital als Standortfaktor. Argumente zur Bildungsdiskussion aus arbeitsmarktpolitischer Sicht, in: Mitteilungen aus der Arbeitsmarkt- und Berufsforschung 26, S. 467 - 476

Cahuc, P., Michel, P. (1995), Salaire minimum, croissance et bien-être, in: Revue économique 46, S. 585 - 594

Card, D. (1995), Earnings, Schooling, and Ability Revisited, in: Polachek, S. W. (Hrsg.), Research in Labor Economics, Volume 14, S. 23 - 48

Carell, E. (1968), Allgemeine Volkswirtschaftslehre, 13. Aufl., Heidelberg

Carlton, D. W., Perloff, J. M. (1994), Modern Industrial Organization, 2. Aufl., Glenview

Chakravarty, S. (1987), Cost-Benefit-Analysis, in: Eatwell, J., Milgate, M., Newman, P. (Hrsg.), The New Palgrave. A Dictionary of Economics, London, New York, Tokyo, Volume 1, S. 687 - 690

Chapman, P. G. (1993), The Economics of Training, New York et al.

Chies, L. (1994), Das Migrationsproblem in der Europäischen Gemeinschaft. Theoretische und empirische Analyse der Bestimmungsfaktoren und Folgen internationaler Arbeitskräftewanderungen, Frankfurt et al.

Clark, C. (1957/1940), The Conditions of Economic Progress, 3. Aufl., Originalauflage 1940, London, New York

Clement, W. (Hrsg.) (1981), Konzept und Kritik des Humankapitalansatzes, Berlin

Clement, W., Pichler, E. (1993), Bildung, immaterielles Kapital und funktionale Einkommensverteilung - Einige Grundsatzüberlegungen und Ergebnisse vor dem Hintergrund der „Industrial Economics“ Forschung, in: Lüdeke, R. (Hrsg.), Bildung, Bildungsfinanzierung und Einkommensverteilung, Berlin, S. 39 - 56

Coase, R. H. (1937), The Nature of the Firm, in: Economica N. S. 4, S. 386 - 405

Cohn, E., Geske, T. G. (1990), The Economics of Education, 3. Aufl., Oxford et al.

Cohn, E., Johnes, G. (Hrsg.) (1994), Recent Developments in the Economics of Education, Aldershot, Brookfield

Costrell, R. M. (1994), A Simple Model of Educational Standards, in: American Economic Review 84, S. 956 - 971

Cramer, G., Müller, K. (1994), Nutzen der betrieblichen Berufsbildung, Köln

Cramer, U. (1993), Regionale Mobilität im Beschäftigungsverlauf, in: Akademie für Raumordnung und Landesplanung (Hrsg.) (1992), Regionale und biographische Mobilität im Lebensverlauf, Hannover, S. 69 - 89

Creedy, J. (1995), The Economics of Higher Education: An Analysis of Taxes versus Fees, Aldershot, Brookfield

Creedy, J., Francois, P. (1992), Higher Education and Progressive Taxation: Equity, Efficiency and Majority Voting, in: Journal of Economic Studies 19, S. 17 - 30

Creedy, J., Francois, P. (1993), Higher Education: Grants, Taxation and Lifetime Inequality, in: Casson, M., Creedy, J. (Hrsg.), Industrial Concentration and Economic Inequality, Aldershot, Brookfield, S. 69 - 84

Danesy, F. C. (1994), Higher Education Credentials. A Guide to Educational Systems in Europe and North America, Chichester et al.

Dearden, S. (1995), Minimum Wages and Wage Flexibility in the European Union, in: Journal of European Social Policy 5, S. 29 - 42

Delbrück, C., Raffelhüschen, B. (1993), Die Theorie der Migration, in: Jahrbücher für Nationalökonomie und Statistik 212, S. 341 - 355

Demsetz, H. (1966), Some Aspects of Property Rights, in: Journal of Law and Economics 9, S. 61 - 70

Demsetz, H. (1995), The Economics of the Business Firm. Seven Critical Commentaries, Cambridge, New York, Oakleigh

Dicke, H., Glismann, H. H., Gröhn, A. (1995), Der Markt für berufliche Weiterbildung, Tübingen

Dietl, H. (1993), Institutionen und Zeit, Tübingen

Dornbusch, R., Fisher, S. (1994), Macroeconomics, 6. Aufl., New York et al.

Dunlop, J. T., Galenson, W. (1978), Labor in the Twentieth Century, New York, San Francisco, London

Dupor, B., Lochner, L., Taber, C., Wittekind, M. B. (1996), Some Effects of Taxes on Schooling and Training, in: American Economic Reviev 86, Papers & Proceedings, S. 341 - 346

Eaton, J., Rosen, H. S. (1980), Taxation, Human Capital, and Uncertainty, in: American Economic Review 70, S. 705 - 715

Ehrenberg, R. G., Smith, R. S. (1994), Modern Labour Economics: Theory and Public Policy, 5. Aufl., New York

Elliott, R. F. (1991), Labor Economics. A Comparative Text, London et al.

Eucken, W. (1990/1952), Grundzüge der Wirtschaftspolitik, Neuausgabe 1990, 6. Aufl., herausgegeben von Eucken, E., Hensel, K. P., Originalaufl. 1952

Europäische Kommission (Hrsg.) (1996), Lehren und Lernen. Auf dem Weg zur kognitiven Gesellschaft. Weißbuch zur allgemeinen und beruflichen Bildung, Luxemburg

Ewers, H.-J. (1977), Ziele und Instrumente der Strukturpolitik im Rahmen der marktwirtschaftlichen Ordnung, in: Konrad-Adenauer-Stiftung (Hrsg.), Materialien zu Problemen der Strukturpolitik, Bonn, S. 9 - 16

Fachinger, U. (1994), Lohnentwicklung im Lebenslauf. Empirische Analysen für die Bundesrepublik Deutschland, Frankfurt, New York

Fellner, W. (1969), Specific Interpretation of Learning by Doing, in: Journal of Economic Theory 1, S. 119 - 140

Feninger, R. (1980), Ausbildungserträge. Eine systemtheoretische Wirkungsanalyse, Freiburg

Fischer, S., Dornbusch, R., Schmalensee, R. (1988), Economics, 2. Aufl., New York et al.

Fisher, A. G. B. (1939), Production, Primary, Secondary, Tertiary, in: Economic Record 15, S. 24 - 38

FitzRoy, F., Funke, M. (1995), Skills, Wages and Employment in East and West Germany, IMF Working Paper WP/95/4, Washington

Flanagan, R. J., Kahn, L. M., Smith, R. S., Ehrenberg, R. G. (1989), Economics of Employment Relationship, ohne Ortsangabe

Fleisher, B. M., Kniesner, T. J. (1984), Labor Economics: Theory, Evidence, and Policy, Englewood Cliffs

Flueckiger, G. E. (1976), Specialization, Learning by Doing and the Optimal Amount of Learning, in: Economic Inquiry 14, S. 389 - 409

Fogel, R. W., Engerman, S. L. (1974), Time on the Cross. The Economics of American Negro Slavery, New York, London

Fourastié, J. (1963/1949), Le Grand Espoir du XX. Siècle, 3. Aufl., Originalaufl. 1949, Paris

Frank, R. H. (1994), Microeconomics and Behaviour, 2. Aufl., New York et al.

Frank, R. H., Cook, P. J. (1995), The Winner-Take-All-Society. How more and more Americans Compete for ever fewer and bigger Prizes, Encouraging Economic Waste, Income Inequality, and an impoverished Cultural Life, New York et al.

Franz, W. (1993), Der Arbeitsmarkt. Eine ökonomische Analyse, Mannheim et al.

Franz, W. (1994), Ökonomische Aspekte der internationalen Migration, in: Hamburger Jahrbuch für Wirtschafts- und Gesellschaftspolitik 39, S. 117 - 143

Franz, W. (1996), Arbeitsmarktökonomik, 3. Aufl., Berlin et al.

Freeman, R. B. (1979), Labor Economics, 2. Aufl., Englewood Cliffs

Freeman, R. B. (1986), Demand for Education, in: Ashenfelter, O., Layard, R. (Hrsg.), Handbook of Labour Economics, Volume I, S. 357 - 386

Freeman, R. B. (1987), Labour Economics, in: Eatwell, J., Milgate, M., Newman, P. (Hrsg.), The New Palgrave. A Dictionary of Economics, London, New York, Tokyo, Volume 3, S. 73 - 76

Freeman, R. B. (1996), The Minimum Wage as a Redistributive Tool, in: The Economic Journal 106, S. 639 - 649

Freeman, R. B., Katz, L. F. (1991), Industrial Wage and Employment Determination in an Open Economy, in: Abowd, J. M., Freeman, R. B. (Hrsg.), Immigration, Trade, and the Labor Market, S. 235 - 259

Frey, B. S. (1989), Ökonomie ist Sozialwissenschaft. Die Anwendung der Ökonomie auf neue Gebiete, München

Friedman, M. (1953), Choice, Chance, and the Personal Distribution of Income, in: Journal of Political Economy 61, S. 277 - 290

Friedman, M. (1955), The Role of Government in Education, in: R. A. Solo (Hrsg.), Economics and the Public Interest, New Brunswick, S. 123 - 144

Friedman, M. (1957), A Theory of the Consumption Function, Princeton

Friedman, M., unter Mitarbeit von **Friedman, R. D.** (1962), Capitalism and Freedom, Chicago, London

Fritsch, M., Wein, T., Ewers, H.-J. (1996), Marktversagen und Wirtschaftspolitik. Mikroökonomische Grundlagen staatlichen Handelns, 2. Aufl., München

Furubotn, E. G., Pejovich, S. (1972), Property Rights and Economic Theory: A Survey of Recent Literature, in: Journal of Economic Literature 10, S. 1137 - 1162

Gaugler, E. (1994), Das Humankapital als Faktor der Wettbewerbsfähigkeit, in: Dichtl, E. (Hrsg.), Standort Bundesrepublik Deutschland. Die Wettbewerbsbedingungen auf dem Prüfstand, Frankfurt, S. 91 - 112

Gelb, A. et al. (1988), Oil Windfalls. Blessing or Curse?, New York et al.

Ghez, G. R., Becker, G. S. (1975), The Allocation of Time and Goods Over the Life Cycle, New York, London

Giersch, H. (1993a), Die progressive Ordnung, in: Marktwirtschaftliche Perspektiven für Europa. Das Licht im Tunnel, Düsseldorf et al., S. 183 - 214

Giersch, H. (1993b), Wehrpflicht oder Wehrfreiheit, in: Marktwirtschaftliche Perspektiven für Europa. Das Licht im Tunnel, Düsseldorf et al., S. 168 - 170

Giersch, H. (1993c), Wie Wissen und Wirtschaft wachsen, in: Marktwirtschaftliche Perspektiven für Europa. Das Licht im Tunnel, Düsseldorf et al., S. 84 - 104

Grantham, G., Mac Kinnon, M. (Hrsg.) (1994), Labour Market Evolution. The Economic History of Market Integration, Wage Flexibility and the Employment Relation, London, New York

Gries, T. (1995a), Neue regionale Wachstumstheorie und Humankapital als regionaler charakteristischer Faktor, in: Gahlen, B., Hesse, H., Ramser, H.-J. (Hrsg.), Standort und Region. Neue Ansätze zur Regionalökonomik, Tübingen, S. 157 - 188

Gries, T. (1995b), Wachstum, Humankapital und die Dynamik der komparativen Vorteile, Tübingen

Grilliches, Z. (1996), Education, Human Capital, and Growth: A Personal Perspective, Working Paper No. 5426, National Bureau of Economic Research, Cambridge, Mass.

Gruber, H. (1994) Learning and Strategic Product Innovation. Theory and Evidence for the Semiconductor Industry, Amsterdam et al.

Guasch, J. L., Weiss, A. (1981), Self-Selection in the Labor Market, in: American Economic Reviev 71, S. 275 - 284

Gundlach, E. (1997), Human Capital and Economic Development: A Macroeconomic Assessment, in: Intereconomics 32, S. 23 - 35

Habisch, A. (1998), Extending Capital Theory - gesellschaftspolitische Implikationen eines theoretischen Forschungsprogramms, in: Pies, I., Leschke, M. (Hrsg.), Gary Beckers ökonomischer Imperialismus, Tübingen, S. 31 - 50

Haisken DeNew, J. (1996), Migration and the Inter-Industry Wage-Structure in Germany, Berlin et al.

Hamermesh, D. (1986), The Demand for Labor in the Long Run, in: Ashenfelter, O. C., Layard, R. (Hrsg.), Handbook of Labor Economics, Volume I, Amsterdam et al., S. 429 - 471

Hamermesh, D. (1993), Labor Demand, Princeton

Hamlin, A. P. (1986), Ethics, Economics and the State, Brighton

Hanusch, H. unter Mitarbeit von **Kuhn, T., Cantner, U.** (1994), Nutzen-Kosten-Analyse, 2. Aufl., München

Hanushek, E. (1986), The Economics of Schooling, in: Journal of Economic Literature 24, S. 1141 - 1177

Harris, J. R., Todaro, M. P. (1970), Migration, Unemployment and Development: A Two-Sector Analysis, in: American Economic Review 64, S. 126 - 142

Hart, R. A., Moutos, T. (1995), Human Capital, Employment and Bargaining, Cambridge, New York, Oakleigh

Härtel, H.-H. et al. (1995), Die Entwicklung des Wettbewerbs in den neuen Bundesländern, Baden-Baden

Hartley, K. (1993), Aerospace: The Political Economy of an Industry, in: de Jong, H. W. (Hrsg.), The Structure of European Industry, 3. Aufl., Dordrecht, Boston, London, S. 307 - 335

Hartog, J. (1984), On the Private Benefits of Subsidies to Education, in: Economics of Education Review 3, S. 23 - 35

Hashimoto, M. (1981), Firm-Specific Human Capital as a Shared Investment, in: American Economic Review 71, S. 475- 482

Hayek, F. A. v. (1945), The Use of Knowledge in Society, in: American Economic Review 35, S. 519 - 530

Hayek, F. A. v. (1975), Die Anmaßung von Wissen, in: Ordo 26, S. 12 - 21

Heckman, J. (1974), Life Cycle Consumption and Labor Supply: An Explanation of the Relationship Between Income and Consumption Over the Life Cycle, in: American Economic Review 64, S. 188 - 204

Heckman, J. (1976), A Life-Cycle Model of Earnings, Learning, and Consumption, in: Journal of Political Economy 84, S. 11 - 44

Heisig, U., Littek, W. (1995), Trust as a Basis of Work Organisation, in: Littek, W., Charles, T. (Hrsg.), The New Division of Labour. Emerging Forms of Work Organisation in International Perspective, Berlin, New York, S. 15 - 56

Helmes, J. (1996), Humankapital als Zielvariable staatlicher Wirtschaftspolitik. Versuch einer Rechtfertigung bildungspolitischer Eingriffe aus dem Blickwinkel der Finanzwissenschaften, Bergisch Gladbach, Köln

Hinchcliffe, J. K. (1987), Education and the Labour Market, in: Psacharapoulos, G. (Hrsg.), Economics of Education: Research and Studies, Oxford et al., S. 141 - 146

Hirshleifer, J. (1985), The Expanding Domain of Economics, in: American Economic Review 75, S. 53 - 68

Hirshleifer, J., Glazer, A. (1992), Price Theory and Applications, 5. Aufl., Englewood Cliffs

Hirshleifer, J., Riley, J. G. (1979), The Analytics of Uncertainty and Information - An Expository Survey, in: Journal of Economic Literature 17, S. 1375 - 1421

Hirshleifer, J., Riley, J. G. (1992), The Analytics of Uncertainty and Information, Cambridge, New York, Oakleigh

Hogarth, R., Reder, M. (Hrsg.) (1987), Rational Choice, Chicago

Holler, M. J. (1986), Ökonomische Theorie des Arbeitsmarktes, Darmstadt

Homburg, S. (1995), Humankapital und endogenes Wachstum, in: Zeitschrift für Wirtschafts- und Sozialwissenschaften 115, S. 339 - 366

Homburg, S. (1997), Allgemeine Steuerwirkungslehre, München

Hoose, A. (1995), Transformationsarbeitslosigkeit in den neuen Bundesländern. Arbeitsmarkttheoretische und arbeitsmarktpolitische Analyse mit empirischen Daten, Wiesbaden

Ichikawa, S. (1987), Structural Change, in: Eatwell, J., Milgate, M., Newman, P. (Hrsg.), The New Palgrave. A Dictionary of Economics, London, New York, Tokyo, Volume 4, S. 523 - 525

Immel, S. (1994), Bildungsökonomische Ansätze von der klassischen Nationalökonomie bis zum Neoliberalismus. Ihre Bedeutung für das Bildungssystem der Bundesrepublik Deutschland, Frankfurt am Main et al.

Jansen, J.-P. (1989), ATLAS: 20 Jahre Technik-Kooperation, in: Deutsche Lufthansa AG (Hrsg.), Lufthansa-Jahrbuch '89, Köln, S. 175 - 182

Johnson, G. E. (1984), Subsidies for Higher Education, in: Journal of Labor Economics 2, S. 303 - 318

Jorgenson, D. W., Fraumeni, B. M. (1995), The Accumulation of Human and Non-Human Capital, 1948-84, in: Jorgenson, D. W. (Hrsg.), Productivity. Postwar U. S. Economic Growth, Volume 1, Cambridge, Mass., London, S. 273 - 331

Jovanovic, B., Nyarko, Y. (1994), The Transfer of Human Capital, Working Paper No. 4823, National Bureau of Economic Research, Cambridge

Kallfass, H. H. (1989), Großunternehmen und Effizienz, Göttingen

Kallfass, H. H. (1992), Kapitalmarktkoordination - Die Koordinationsprozesse über Märkte für Beteiligungstitel in der Theorie und in der westdeutschen Realität, Göttingen

Kallfass, H. H. (1995), Thüringen im Standortwettbewerb der Industrie, Diskussionspapier Nr. 2, Institut für Volkswirtschaftslehre, Technische Universität Ilmenau, Ilmenau

Kallfass, H. H. (1996), Wettbewerbsprozesse in Ostdeutschland, in: Kruse, J., Mayer, O. G. (Hrsg.), Aktuelle Probleme der Wettbewerbs- und Wirtschaftspolitik, Baden-Baden, S. 255 - 281

Kallfass, H. H. (1997), Konzepte und Indikatoren zur Abgrenzung räumlicher Märkte in der europäischen Zusammenschlußkontrolle, in: Kruse, J., Stockmann, K., Vollmer, L. (Hrsg.), Wettbewerbspolitik im Spannungsfeld nationaler und internationaler Kartellrechtsordnungen, Baden-Baden, S. 111 - 129

Kantzenbach, E. (1993), Der Wirtschaftsstandort Deutschland im internationalen Wettbewerb, in: Wirtschaftsdienst 73, S. 625 - 632

Kantzenbach, E., Krüger, R. (1990), Zur Frage der richtigen Abgrenzung des sachlich relevanten Marktes bei der wettbewerbspolitischen Beurteilung von Unternehmenszusammenschlüssen, in: Wirtschaft und Wettbewerb 8, S. 472 - 481

Kantzenbach, E., Kruse, J. (1989), Kollektive Marktbeherrschung, Göttingen

Kantzow, W. (1995), Grundrente und Bodenpolitik. Zur ökonomischen und politischen Relevanz der Naturressource Boden, Berlin

Kaplov, L. (1993), Human Capital and the Income Tax, Working Paper No. 4299, National Bureau of Economic Research, Cambridge

Kaplov, L. (1996), On the Divergence Between "Ideal" and Conventional Income Tax Treatment of Human Capital, in: American Economic Reviev 86, Papers & Proceedings, S. 346 - 352

Karpen, U. (Hrsg.) (1991), The Financing of Higher Education in the Federal Republic of Germany. An Introduction, Baden-Baden

Kath, D. (1995), Sozialpolitik, in: Bender, D. et al. (Hrsg.), Vahlens Kompendium der Wirtschaftstheorie und der Wirtschaftspolitik, 6. Aufl., Band 2, S. 405 - 459

Kaufman, B. E. (1989), The Economics of Labor Markets, 3. Aufl., Fort Worth et al.

Kerr, C. (1994), Introduction: Labor in the Course of the Development of Economic Thought, in: Kerr, C., Straudohar, P. D. (Hrsg.), Labor Economics and Industrial Relations, Cambridge, London, S. XVII - XXX

Kettunen, J. (1994), The Effects of Education on the Duration of Unemployment, in: Labour 8, S. 331 - 352

Kiker, B. F. (1966), The Historical Roots of the Concept of Human Capital, in: Journal of Political Economy 74, S. 481 - 499

Killingsworth, M. R. (1983), Labor Supply, Cambridge et al.

King, R. (1996), Migration in a World Historical Perspective, in: van den Broeck, J. (Hrsg.), The Economics of Labour Migration, Cheltenham, Brookfield, S. 7 - 75

Kirchgässner, G. (1988), Ökonomie als imperial(istisch)e Wissenschaft. Zur Anwendung des ökonomischen Verhaltensmodells in den benachbarten Sozialwissenschaften, in: Jahrbuch für Neue Politische Ökonomie 7, Interdisziplinarität - Voraussetzungen und Notwendigkeiten, S. 128 - 145

Kirchgässner, G. (1991), Homo Oeconomicus. Das ökonomische Modell individuellen Verhaltens und seine Anwendung in den Wirtschafts- und Sozialwissenschaften, Tübingen

Kirsch, G. (1993), Neue Politische Ökonomie, 3. Aufl., Düsseldorf

Klodt, H. et al. (1994), Standort Deutschland: Strukturelle Herausforderungen im neuen Europa, Tübingen

Kodde, D. A., Ritzen, J. M. M. (1985), The Demand for Education Under Capital Market Imperfections, in: European Economic Review 28, S. 347 - 362

Körner, H. (1990), Internationale Mobilität der Arbeit. Eine empirische und theoretische Analyse der internationalen Wirtschaftsmigration im 19. und 20. Jahrhundert, Darmstadt

Kösters, W. (1994), Wissen als strategische Grundlage der internationalen Wettbewerbsfähigkeit, in: Hasse, R. H., Schäfer, W. (Hrsg.), Die Weltwirtschaft vor neuen Herausforderungen. Strategischer Handel, Protektion und Wettbewerb, Göttingen, S. 133 - 138

Koutsoyiannis, A. (1979), Modern Microeconomics, 2. Aufl., Basingstoke, London

Koutsoyiannis, A. (1982), Non-Price Decisions. The Firm in a Modern Context, Basingstoke, London

Kraft, K. (1986), Wettbewerbssituation und Marktzutrittsbarrieren bei spezifischen Qualifikationen, in: Zeitschrift für Wirtschafts- und Sozialwissenschaften 106, S. 387 - 414

Kraft, K. (1993), Arbeitsmarktflexibilität, Heidelberg

Kraft, R. H., Nakib, Y. (1991), The "New" Economics of Education: Towards a Unified Macro/Micro-Educational Planning Policy, in: International Review of Education 37, S. 299 - 317

Kroch, E. A., Sjoblom, K. (1994), Schooling as Human Capital or a Signal, in: Journal of Human Resources 29, S. 156 - 180

Kruse, J., Berger U. E., unter Mitarbeit von **Bonde, B., Frank, B.** (1996), Ordnungspolitik, Skript, Band 1, Institut für Volkswirtschaftslehre, Universität Hohenheim, Stuttgart

Kühl, J., Lahner, M., Wagner, J. (Hrsg.) (1997), Die Nachfrageseite des Arbeitsmarktes. Ergebnisse aus Analysen mit deutschen Firmenpaneldaten, Nürnberg

LaLonde, R. J., Topel, R. H. (1991), Labor Market Adjustments to Increased Immigration, in: Abowd, J. M., Freeman, R. B. (Hrsg.), Immigration, Trade, and the Labor Market, S. 167 - 199

Layard, R. (1979), Education versus Cash Redistribution: The Lifetime Context, Discussion Paper No. 35, Centre for Labour Economics, London School of Economics, London

Layard, R., Glaister, S. (1994), Cost-Benefit-Analysis, 2. Aufl., Cambridge, New York, Oakleigh

Lefebvre, E. R. J. (1997), The Monk/Manager and the Road to Abbey-Management. Essays in Organisation Theory and Managerial Practice and on the World of Work, Leuven, Amersfoort

Levhari, D., Weiss, Y. (1974), The Effect of Risk on the Investment in Human Capital, in: American Economic Review 64, S. 950 - 963

Levin, H. M. (1987), Work and Education, in: Psacharapoulos, G. (Hrsg.), Economics of Education: Research and Studies, Oxford et al., S. 146 - 157

Levin, H. M. (1989), Mapping the Economics of Education. An Introductory Essay, in: Educational Researcher 18, S. 13 - 16 und S. 73

Lieberman, M. (1989), Privatization and Educational Choice, New York

Lindner, A. (1996), Ausbildungsinvestitionen in einfachen gesamtwirtschaftlichen Modellen, Heidelberg

Lippman, S. A., McCall, J. J. (1976a), The Economics of Job Search: A Survey, Part I: Optimal Job Search Policies, in: Economic Inquiry 14, S. 155 - 189

Lippman, S. A., McCall, J. J. (1976b), The Economics of Job Search: A Survey, Part II: Empirical and Policy Implications of Job Search, in: Economic Inquiry 14, S. 347 - 389

Lucas, R. E. B. (1972), Working Conditions, Wage-Rates and Human Capital: A Hedonic Study, ohne Ortsangabe

Lucas, R. E. B. (1981), International Migration: Economic Causes, Consequences and Evaluation, in: Kritz, M. M., Keely, C. B., Tomasi, S. M. (Hrsg.), Global Trends in Migration. Theory and Research on International Population Movements, S. 84 - 109

Lucas, R. E. B. (1988), On the Mechanics of Economic Development, Journal of Monetary Economics 22, S. 3 - 42

Lucas, R. E. B. (1997), Skill Development and Structural Adjustment, in: Godfrey, M. (Hrsg.), Skill Development for International Competitiveness, Cheltenham, Brookfield, S. 203 - 222

Luckenbach, H. (1979), Grundzüge der Theorie des Angebots von Humankapital, in: Wirtschaftswissenschaftliches Studium 8, S. 315 - 319

Luhmann, N. (1989), Vertrauen. Ein Mechanismus der Reduktion sozialer Komplexität, 3. Aufl., Stuttgart

Mabro, R. (Hrsg.) (1986), OPEC and the World Oil Market, The Genesis of the 1986 Price Crisis, Oxford et al.

Machlup, F. (1984), The Economics of Information and Human Capital. Knowledge: Its Creation, Distribution and Economic Significance, Volume III, Princeton, Guildford

Maier, H. (1994), Bildungsökonomie. Die Interdependenz von Bildungs- und Beschäftigungssystem, Stuttgart

March, J. G. (1988), Bounded Rationality, Ambiguity, and the Engineering of Choice, in: Bell, D. E., Raiffa, H., Tversky, A. (Hrsg.), Decision Making. Descriptive, Normative, and Prescriptive Interactions, Cambridge et al., S. 33 - 57

March, J. G., Simon, H. (1993), Organizations, 2. Aufl., Cambridge, Oxford

Marktanner, M. (1997), Systemtransformation und Kluberweiterung. Chancen und Risiken der Aufnahme von Reformstaaten in integrierte Wirtschaftsräume, Wiesbaden

Marris, R. (1964), The Economic Theory of Managerial Capitalism, New York

Marsden, D. (1986), The End of Economic Man? Custom and Competition in Labour Markets, Brighton

Martin, S. (1994), Industrial Economics. Economic Analysis and Public Policy, 2. Aufl., New York

Mattern, C., Weißhuhn, G. (1980), Einführung in die Ökonomische Theorie von Bildung, Arbeit und Produktion, Frankfurt et al.

McCall, J. J. (1970), Economics of Information and Job Search, in: Quaterly Journal of Economics 84, S. 113 - 126

McConnell, C. R., Brue, S. L. (1992), Contemporary Labor Economics, 3. Aufl., New York et al.

McKenna, C. J. (1985), Uncertainty and the Labour Market: Recent Developments in Job-Search Theory, Brighton

McKenzie, R. B., Tullock, G. (1978), The New World of Economics, Homewood

McMahon, W. W. (1987), Externalities in Education, in: Psacharapoulos, G. (Hrsg.), Economics of Education: Research and Studies, Oxford et al., S. 133 - 137

McNabb, R. (1987), Labour Market Theories and Education, in: Psacharapoulos, G. (Hrsg.), Economics of Education: Research and Studies, Oxford et al., S. 157 - 163

Menuhin, Y., unter Mitarbeit von **Meyer, C.** (1996), Die Violine. Kulturgeschichte eines Instruments, Stuttgart, Weimar, Kassel

Meißner, W., Fassing, W. (1989), Wirtschaftsstruktur und Strukturpolitik, München

Mill, J. S. (1965/1848), Principles of Political Economy with Some of Their Applications to Social Philosophy, zitiert nach: Robson, J. M. et al. (Hrsg.), Collected Works of John Stuart Mill, Volume II, Books I-II, Toronto, Buffalo, London, Originalaufl. 1848

Mincer, J. (1958), Investment in Human Capital and Personal Income Distribution, in: Journal of Political Economy 66, S. 281 - 302

Mincer, J. (1962) On-the-Job Training: Costs, Returns, and some Implications, in: Journal of Political Economy 70 (Supplement), S. 50 - 79

Mincer, J. (1970), The Distribution of Labor Incomes: A Survey. With Special Reference to the Human Capital Approach, in: Journal of Economic Literature, S. 1 - 26

Mincer, J. (1974), Schooling, Experience, and Earnings, New York

Mincer, J. (1976a), Progress in Human Capital Analyses of the Distribution of Earnings, in: Atkinson, A. B. (Hrsg.), The Personal Distribution of Incomes, London, S. 136 - 188

Mincer, J. (1976b), Unemployment Effects of Minimum Wages, in: Journal of Political Economy 84, S. S87 - S104

Mincer, J. (1984a), Human Capital and Economic Growth, in: Economic of Education Review 3, S. 195 - 205

Mincer, J. (1984b), The Economics of Wage Floors, in: Ehrenberg, R. G. (Hrsg.), Research in Labor Economics, Volume 6, S. 311 - 333

Mincer, J. (1989), Human Capital and the Labor Market: A Review of Current Research, Educational Researcher 18 (4), S. 27 - 34

Mincer, J. (1994), Human Capital: A Review, in: Kerr, C., Straudohar, P. D. (Hrsg.), Labor Economics and Industrial Relations, Cambridge, Mass., London, S. 109 - 141

Mincer, J., Ofek, H. (1982), Interrupted Work Careers: Depriciation and Restoration of Human Capital, in: Journal of Human Ressources 17, S. 1 - 23

Mishan, E. J. (1988), Cost-Benefit-Analysis. An Informal Introduction, London, New York

Modigliani, F. (1966), The Life Cycle Hypothesis of Saving, the Demand for Wealth and the Supply of Capital, in: Social Research 33, S. 160 - 217

Modigliani, F. (1986), Life Cycle Individual Thrift, and the Wealth of Nations, in: American Economic Review 76, S. 297 - 313

Modigliani, F., Brumberg, R. E. (1954), Utility Analysis and the Consumption Function: An Interpretation of Cross-Section Data, in: Kurihara, K. K. (Hrsg.), Post-Keynesian Economics, New Brunswick, S. 388 - 436

Molitor, B. (1988), Lohn- und Arbeitsmarktpolitik, München

Möller, J. (1989), Unemployment and Deteriation of Human Capital. A Labour Market Model with Hysteresis Implications, Diskussionsbeiträge Serie 1- Nr. 245, Fakultät für Wirtschaftswissenschaften und Statistik, Universität Konstanz, Konstanz

Monopolkommission (1984), Ökonomische Kriterien für die Rechtsanwendung. Fünftes Hauptgutachten 1982/83, Baden-Baden

Montagnier, L. (1997), Von Viren und Menschen. Forschung im Wettlauf mit der Aids-Epidemie, Reinbek

Mueller, D. C. (1997), Die drückende Last des Staates auf dem Rücken der Bürger. Europa und die Vereinigten Staaten am Ende des Milleniums, in: Handelsblatt 48, Nr. 225 vom 21./22. November 1997, S. 47

Neven, D., Seabright, P. (1995), European Industrial Policy. The Airbus Case, in: Economic Policy 15, S. 313 - 358

Nordhaug, O. (1993), Human Capital in Organizations: Competence, Training, and Learning, Oslo

O'Driscoll, G. P., Rizzo, M. J. (1996), The Economics of Time and Ignorance, 2. Aufl., London, New York

o. V. (1997), Education and the Wealth of Nations, in: The Economist 342, Nr. 8010 vom 29. März 1997, S. 15 f.

Oi, W. Y. (1962), Labor as a Quasi-Fixed Factor, in: Journal of Political Economy 75, S. 538 - 555

Oosterbeek, H. (1992a), Essays on Human Capital Theory, Amsterdam

Oosterbeek, H. (1992b), Study Duration and Earnings. A Test in Relation to the Human Capital versus Screening Debate, in: Economics Letters 40, S. 223 - 228

Organisation for Economic Co-operation and Development (Hrsg.), bearbeitet von **Miller, R.** (1996), Measuring What People Know, Paris

Osse, K. (1992), Violine. Klangwerkzeug und Kunstgegenstand, 2. Aufl., Leipzig

Parsons, D. O. (1990), The Firm's Decision to Train, in: Bassi, L. J., Crawford, D. L., Ehrenberg, R. G. (Hrsg.), Labour Economics and Public Policy, Research in Labor Economics, Volume 11, S. 53 - 75

Pätzold, J. (1993), Stabilisierungspolitik. Grundlagen der nachfrage- und angebotsorientierten Wirtschaftspolitik, 5. Aufl., Bern, Stuttgart, Wien

Peisert, H., Framhein, G. (1994), Das Hochschulsystem in Deutschland, Bonn

Perridon, L., Steiner, M. (1997), Finanzwirtschaft der Unternehmung, 9. Aufl., München

Peters, H.-R. (1996), Sektorale Strukturpolitik, 2. Aufl., München, Wien

Pfeiffer, F., Brade, J. (1995), Weiterbildung, Arbeitszeit und Lohneinkommen, in: Steiner, V., Bellmann, L. (Hrsg.), Mikroökonomik des Arbeitsmarktes, Nürnberg, S. 289 - 326

Pichler, E. (1992), Investition in generelles und spezifisches Humankapital bei Risiko und beruflicher Mobilität, in: Sadowski, D., Timmerfeld, A. (Hrsg.), Ökonomie und Politik beruflicher Bildung - europäische Perspektiven, Berlin, S. 79 - 104

Pichler, E. (1993), Cost-Sharing of General and Specific Training with Depreciation of Human Capital, in: Economics of Education Review 12, S. 117 - 124

Pies, I. (1998), Theoretische Grundlagen demokratischer Wirtschafts- und Gesellschaftspolitik, in: Pies, I., Leschke, M. (Hrsg.), Gary Beckers ökonomischer Imperialismus, Tübingen, S. 1 - 29

Pies, I., Leschke, M. (Hrsg.) (1998), Gary Beckers ökonomischer Imperialismus, Tübingen

Pissarides, C. A. (1985), Job Search and the Functioning of Labour Markets, in: Carline, D., Pissarides, C. A., Siebert, W. S., Sloane, P. J. (Hrsg.), Labour Economics, London, New York, S. 159 - 185

Polachek, S. W., Siebert W. S. (1993), The Economics of Earnings, Cambridge, New York, Oakleigh

Pommerehne, W. W., Frey, B. S. (1993), Musen und Märkte. Ansätze einer Ökonomik der Kunst, München

Poulain, J. (1993), L'Europe de la Migration, in: Schweizerische Zeitschrift für Volkswirtschaft und Statistik 129, S. 257 - 282

Prest, A. R., Turvey, R. (1966), Cost-Benefit-Analysis: A Survey, in: The American Economic Association, The Royal Economic Society (Hrsg.), Surveys of Economic Theory. Resource Allocation, Volume III, London, Basingstoke, S. 155 - 207

Price, C. (1993), Time, Discounting, and Value, Oxford, Cambridge

Psacharopoulos, G. (1981a), Conceptions and Misconceptions on Human Capital Theory, in: Clement, W. (Hrsg.), Konzept und Kritik des Humankapitalansatzes, Berlin, S. 1 - 15

Psacharopoulos, G. (1981b), Returns to Education: An Updated International Comparison, in: Comparative Education 17, S. 321 - 341

Psacharopoulos, G. (1985), Returns to Education: A Further International Update and Implications, in: Journal of Human Ressources 20, S. 583 - 604

Psacharopoulos, G. (1987), The Cost-Benefit-Model, in: Psacharapoulos, G. (Hrsg.), Economics of Education: Research and Studies, Oxford et al., S. 342 - 347

Psacharopoulos, G. (1994), Returns to Investment in Education: A Global Update, in: World Development 22, S. 1325 - 1343

Psacharapoulos, G. (Hrsg.) (1987), Economics of Education: Research and Studies, Oxford et al.

Psacharopoulos, G., Woodhall, M. (1985), Education for Development. An Analysis of Investment Choices, New York et al.

Quigley, J. M., Smolensky, E. (1990), Improving Efficiency in the Tax Treatment of Training and Educational Expenditures, in: Bassi, L. J., Crawford, D. L., Ehrenberg, R. G. (Hrsg.), Labour Economics and Public Policy, Research in Labor Economics, Volume 11, S. 77 - 95

Rasmusen, E. (1989), Games and Information. An Introduction to Game Theory, Oxford, Cambridge

Redding, S. (1996), The Low-Skill, Low-Quality Trap: Strategic Complements Between Human Capital and R&D, in: The Economic Journal 106, S. 458 - 470

Reynolds, L. G., Masters, S. H., Moser, C. H. (1991), Labor Economics and Labor Relations, 10. Aufl., Englewood Cliffs

Riley, J. G. (1979), Testing the Educational Screening Hypothesis, in: Journal of Political Economy 87, S. S227 - S252

Rissiek, J. (1996), Subventionierung der individuellen Humankapitalinvestitionen?, Diskussionspapier Nr. 6, Institut für Volkswirtschaftslehre, Technische Universität Ilmenau, Ilmenau

Rissiek, J. (1997a), Subsidies for Individual Human Capital Investments under Uncertainty?, in: Lefebvre, E., Cooper, R. (Hrsg.), Uncertainty, Knowledge and Skill, Volume II, Diepenbeek, Keele, S. 267 - 283

Rissiek, J. (1997b), Wirtschaftswachstum und Strukturwandel als Einflußfaktoren auf das individuelle Humankapitalinvestitionskalkül, Diskussionspapier Nr. 10, Institut für Volkswirtschaftslehre, Technische Universität Ilmenau, Ilmenau

Robbins, S. P. (1991), Organizational Behavior. Concepts, Controversies, and Applications, 5. Aufl., Englewood Cliffs

Romer, P. M. (1986), Increasing Returns and Long-Run Growth, in: Journal of Political Economy 94, S. 1002 - 1035

Romer, P. M. (1990), Endogenous Technological Change, in: Journal of Political Economy 99, S. S71 - S102

Rosen, H. S. (1988), Public Finance, 2. Aufl., Homewood

Rosen, S. (1976a), A Theory of Life Earnings, in: Journal of Political Economy 84, S. S45 - S67

Rosen, S. (1976b), Human Capital: A Survey of Empirical Research, Discussion Paper 76-2, Department of Economics, University of Rochster

Rosen, S. (1987a), Human Capital, in: Eatwell, J., Milgate, M., Newman, P. (Hrsg.), The New Palgrave. A Dictionary of Economics, London, New York, Tokyo, Volume 2, S. 681 - 690

Rosen, S. (1987b), Job Information and Education, in: Psacharapoulos, G. (Hrsg.), Economics of Education: Research and Studies, Oxford et al., S. 179 - 187

Rosigkeit, A., Schnabel, H. (1995), Hochschulpolitik am Scheideweg, in: Wirtschaftsdienst 75, S. 542 - 555

Rübel, G. (1995), The Significance of Human Capital for International Competitiveness in the Face of the Growing Integration of the Global Economy, in: Lang, F. P., Ohr, R. (Hrsg.), International Economic Integration, Heidelberg, S. 23 - 48

Salin, P. (1986), Impôt et Capital Humain, in: Revue Française de Finances Publiques 14, S. 137 - 143

Sapsford, D., Tzannatos, Z. (1993), The Economics of the Labour Market, Basingstoke, London

Schaeffer, P. (1985), Human Capital Accumulation and Job Mobility, in: Journal of Regional Science 25, S. 103 - 114

Schellhaaß, H.-M., Kelp, L. (1996), Subventionen als Steuerungsinstrumente des Arbeitsmarktes, in: Mitteilungen aus der Arbeitsmarkt- und Berufsforschung 28, S. 399 - 411

Scherer, F. M., Ross, D. (1990), Industrial Market Structure and Economic Performance, 3. Aufl., Boston et al.

Scheuer, M. (1987), Zur Leistungsfähigkeit neoklassischer Arbeitsmarkttheorien, Bonn

Schierenbeck, H. (1995), Grundzüge der Betriebswirtschaftslehre, 12. Aufl., München, Wien

Schmähl, W. (Hrsg.) (1983), Ansätze der Lebenseinkommensanalyse, Tübingen

Schmid, H., Dosky, D. v. (1990), Oekonomik des Arbeitsmarktes, Band 1, Arbeitsmarkttheorien: Stärken und Schwächen, Bern, Stuttgart

Schömann, K. (1994), The Dynamics of Labor Earnings over the Life Course. A Comparative and Longitudinal Analysis of Germany and Poland, Berlin

Schrettl, W. (1993), On Some Barriers to Transition, in: Wagener, H.-J. (Hrsg.), On the Theory and Policy of Systematic Change, Heidelberg, New York, S. 207 - 217

Schuh, H. (1998), Eine Seuche, zwei Welten. Obwohl die Mittel zur Eindämmung von Aids bekannt sind, breitet sich die Krankheit in vielen Ländern rasch aus, in: Die Zeit 53, Nr. 27 vom 25. Juni 1998, S. 34

Schulenburg, J.-M. Graf v. d. (1993), Marktprozeß und Marktstruktur bei unvollständigen Informationen, in: Zeitschrift für Wirtschafts- und Sozialwissenschaften 113, S. 509 - 555

Schultz, T. P. (1993a), The Role of Education and Human Capital in Economic Development: An Empirical Assessment, in: Siebert, H. (Hrsg.), Economic Growth in the World Economy, Tübingen, S. 145 - 168

Schultz, T. W. (1959), Investment in Man: An Economist's View, in: The Social Science Review 33, S. 109 - 117

Schultz, T. W. (1960), Capital Formation by Education, in: Journal of Political Economy 68, S. 571 - 583

Schultz, T. W. (1961a), Education and Economic Growth, in: Nelson, H. B. (Hrsg.), Social Forces Influencing American Education, Chicago, S. 46 - 88

Schultz, T. W. (1961b), Investment in Human Capital, in: American Economic Review 51, S. 1 - 17

Schultz, T. W. (1962), Reflections on the Investment in Man, in: Journal of Political Economy 70 (Supplement), S. 1 - 8

Schultz, T. W. (1963), The Economic Value of Education, New York

Schultz, T. W. (1965), Investing in Poor People: An Economist's View, in: American Economic Review 55, S. 510 - 520

Schultz, T. W. (1980), The Economics of Being Poor, in: Journal of Political Economy 88, S. 639 - 651

Schultz, T. W. (1981), Investing in People. The Economics of Population Quality, Berkeley, Los Angeles, London

Schultz, T. W. (1987), Education and Population Quality, in: Psacharapoulos, G. (Hrsg.), Economics of Education: Research and Studies, Oxford et al., S. 11 - 14

Schultz, T. W. (1990), Restoring Economic Equilibrium: Human Capital in the Modernizing Economy, Oxford

Schultz, T. W. (1993b), The Economics of Being Poor, Oxford, Cambridge

Schumann, J. (1992), Grundzüge der mikroökonomischen Theorie, 6. Aufl., Berlin et al.

Schumann, J. (1993), Wirtschaftsstruktur und Strukturpolitik: Ein einführender Überblick, in: Das Wirtschaftsstudium 22, S. 1031 - 1037

Schweers Cook, K., Levi, M. (Hrsg.) (1990), The Limits of Rationality, Chicago, London

Sen, A. (1987), Rational Behaviour, in: Eatwell, J., Milgate, M., Newman, P. (Hrsg.), The New Palgrave. A Dictionary of Economics, London, New York, Tokyo, Volume 4, S. 68 - 76

Sesselmeier, W., Blauermel, G. (1997), Arbeitsmarkttheorien. Ein Überblick, 2. Aufl., Heidelberg

Sharp, A. M., Register, C. A., Leftwich, R. H. (1988), Economics of Social Issues, 8. Aufl., Homewood

Sharp, C. (1981), The Economics of Time, Oxford

Shaw, K. L. (1991), The Influence of Human Capital Investments on Migration and Industry Change, in: Journal of Regional Science 31, S. 397 - 416

Shepherd, W. G. (1990), The Economics of Industrial Organization, 3. Aufl., Englewood Cliffs

Sicherman, N., Galor, O. (1990), A Theory of Career Mobility, in: Journal of Political Economy 98, S. 169 - 193

Siebert, W. S. (1985), Development in the Economics of Human Capital, in: Carline, D., Pissarides, C. A., Siebert, W. S., Sloane, P. J. (Hrsg.), Labour Economics, London, New York, S. 3 - 77

Simon, H. A. (1955), A Behavioural Model of Rational Choice, in: Quaterly Journal of Economics 69, S. 99 - 118

Simon, H. A. (1966), Theories of Decision-Making in Economics and Behavioural Science, in: The American Economic Association, The Royal Economic Society (Hrsg.), Surveys of Economic Theory. Ressource Allocation, Volume III, Wiederabdruck 1972, London, Basingstoke, S. 1 - 28

Simon, H. A. (1972), Theories of Bounded Rationality, in: McGuire, C. B., Radner, R. (Hrsg.), Decision and Organization, New York, S. 161 - 176

Simon, H. A. (1976/47), Administrative Behaviour, 3. Aufl., New York, London, Originalaufl. 1947

Simon, H. A. (1978), Rationality as Process and as Product of Thought, in: American Economic Review 68, S. 1 - 16

Simon, H. A. (1983), Reason in Human Affairs, Stanford

Simon, H. A. (1986), Alternative Visions of Rationality, in: Arkes, H. R., Hammond, K. R. (Hrsg.), Judgement and Decision Making: An Interdisciplinary Reader, Cambridge et al., S. 97 - 113

Simon, H. A. (1987a), Bounded Rationality, in: Eatwell, J., Milgate, M., Newman, P. (Hrsg.), The New Palgrave. A Dictionary of Economics, London, New York, Tokyo, Volume 1, S. 266 - 268

Simon, H. A. (1987b), Satisficing, in: Eatwell, J., Milgate, M., Newman, P. (Hrsg.), The New Palgrave. A Dictionary of Economics, London, New York, Tokyo, Volume 4, S. 243 - 245

Sjaastad, L. A. (1962), The Costs and Returns of Human Migration, in: Journal of Political Economy 70 (Supplement), S. 80 - 93

Smith, A. (1976/1776), An Inquiry into the Nature and Causes of the Wealth of Nations, zitiert nach: Campbell, R. H., Skinner, A. S., Todd, W. B. (Hrsg.), Glasgow Edition of the Works of Adam Smith 2, Volume I, Oxford, Originalaufl. 1776

Smith, S. (1994), Labour Economics, London, New York

Spence, A. M. (1973), Job Market Signaling, in: Quaterly Journal of Economics 87, S. 355 - 374

Spence, A. M. (1974), Market Signaling: Informational Transfer in Hiring and Related Processes, Cambridge, London

Stalker, P. (1994), The Work of Strangers: A Survey of International Labour Migration, Genf

Stankiewicz, F. (1994), Choix de formation et critères d'efficacité du travail. Adaptabilité de la formation générale par l'entreprise, in: Revue économique 45, S. 1311 - 1331

Stark, O. (1991), The Migration of Labor, Cambridge, Mass., Oxford

Steiner, V., Puhani, P. A. (1996), Die Entwicklung der Lohnstruktur im ostdeutschen Transformationsprozeß, Discussion Paper No. 96-03, Zentrum für Europäische Wirtschaftsforschung, Mannheim

Steinmann, G., Ulrich, R. E. (Hrsg.) (1994), The Economic Consequences of Immigration to Germany, Heidelberg

Steuerle, C. E. (1996), How Should Government Allocate Subsidies for Human Capital? in: American Economic Reviev 86, Papers & Proceedings, S. 353 - 357

Stigler, G. J. (1961), The Economics of Information, in: Journal of Political Economy 69, S. 213 - 225

Stigler, G. J. (1962), Information in the Labor Market, in: Journal of Political Economy 70 (Supplement), S. 94 - 104

Stigler, G. J. (1967), Imperfections in the Capital Market, in: Journal of Political Economy 75, S. 287 - 292

Stigler, G. J. (1987), The Theory of Price, 4. Aufl., New York, London

Stigler, G. J., Becker, G. S. (1977), De Gustibus Non Est Disputandum, in: American Economic Review 67, S. 76 - 90

Stiglitz, J. E. (1975a), Information and Economic Analysis, in: Parkin, M., Nobay, A. R. (Hrsg.), Current Economic Problems, Cambridge, S. 27 - 52

Stiglitz, J. E. (1975b), The Theory of "Screening," Education, and the Distribution of Income, in: American Economic Review 65, S. 283 - 300

Stiglitz, J. E. (1988a), Economic Organization, Information, and Development, in: Chenery, H., Srinivasan, T. N. (Hrsg.), Handbook of Development Economics, Volume I, S. 93 - 160

Stiglitz, J. E. (1988b), Economics of the Public Sector, 2. Aufl., New York, London

Straubhaar, T. (1988), On the Economics of International Migration, Bern

Straubhaar, T. (1992), The Labour Market and Possible Need for a General Agreement on Migration Policies, in: Borner, S., Grubel, H. (Hrsg.), The European Community after 1992, Perspectives from the Outside, London, S. 103 - 120

Straubhaar, T. (1994), Wissen als strategische Grundlage der internationalen Wettbewerbsfähigkeit, in: Hasse, R. H., Schäfer, W. (Hrsg.), Die Weltwirtschaft vor neuen Herausforderungen. Strategischer Handel, Protektion und Wettbewerb, Göttingen, S. 111 - 131

Straubhaar, T. (1995), Migrationstheorie, in: Berthold, N. (Hrsg.), Allgemeine Wirtschaftstheorie. Neuere Entwicklungen, München, S. 291 - 314

Thoss, R. (1984), Potentialfaktoren als Chance selbstverantworteter Entwicklung der Regionen, in: Informationen zur Raumordnung 42, S. 21 - 27

Thurow, L. C. (1970), Investment in Human Capital, Belmont

Thuy, P. (1994), Strukturwandel, Qualifikation und Beschäftigung. Eine ökonomische Analyse unter besonderer Berücksichtigung des tertiären Sektors, Bern, Stuttgart, Wien

Tietzel, M. (1981), Die Rationalitätsannahme in den Wirtschaftswissenschaften oder: der Homo Oeconomicus und seine Verwandten, in: Jahrbuch für Sozialwissenschaft 32, S. 115 - 138

Tietzel, M. (1985), Wirtschaftstheorie und Unwissen. Überlegungen zur Wirtschaftstheorie jenseits von Risiko und Unsicherheit, Tübingen

Tietzel, M. (1988), Zur Theorie der Präferenzen, in: Jahrbuch für Neue Politische Ökonomie 7, Interdisziplinarität - Voraussetzungen und Notwendigkeiten, S. 38 - 71

Tirole, J. (1988), The Theory of Industrial Organization, Cambridge, London

Todaro, M. P. (1969), A Model of Labor Migration and Urban Unemployment in Less Developed Countries, in: American Economic Review 59, S. 138 - 148

Todaro, M. P. (1976), Rural-Urban Migration, Unemployment and Job Probabilities: Recent Theoretical and Empirical Research, in: Coale, A. J., Economic Factors in Population Growth, New York, S. 367 - 385

Todaro, M. P. (1980), Internal Migration in Developing Countries: A Survey, in: Easterlin, R. A. (Hrsg.), Population and Economic Change in Developing Countries, Chicago, S. 361 - 402

Todaro, M. P. (1994), Economic Development, 5. Aufl., New York, London

Trostel, P. A. (1993), The Effect of Taxation on Human Capital, in: Journal of Political Economy 101, S. 327 - 350

van Lith, U. (1983), Markt, persönliche Freiheit und die Ordnung des Bildungswesens, Tübingen

van Lith, U. (1985), Der Markt als Ordnungsprinzip des Bildungsbereichs. Verfügungsrechte, ökonomische Effizienz und die Finanzierung schulischer und akademischer Bildung, München

Vassilakis, S. (1987), Learning-by-doing, in: Eatwell, J., Milgate, M., Newman, P. (Hrsg.), The New Palgrave. A Dictionary of Economics, London, New York, Tokyo, Volume 3, S. 151 f.

Velling, J. (1995), Immigration und Arbeitsmarkt. Eine empirische Analyse für die Bundesrepublik Deutschland, Baden-Baden

Velling, J., Binder, S. (1994), Berufliche Mobilität zur Anpassung struktureller Diskrepanzen am Arbeitsmarkt, in: Mitteilungen aus der Arbeitsmarkt- und Berufsforschung 27, S. 212 - 231

Viale, R. (1992), Cognitive Constraints of Economic Rationality, in: Egidi, M., Marris, R. (Hrsg.), Economics, Bounded Rationality and the Cognitive Revolution, Aldershot, Brookfield, S. 174 - 193

Wachtel, H. M. (1988), Labor and the Economy, 2. Aufl., San Diego et al.

Wachter, D. (1993), Bodenmarktpolitik, Bern, Stuttgart, Wien

Wagener, H.-J. (Hrsg.) (1993), On the Theory and Policy of Systemic Change, Heidelberg et al.

Weale, M. (1992), Externalities from Education, in: Hahn, F. (Hrsg.), The Market: Pratice and Policy, Basingstoke, S. 112 - 135

Wegehenkel, L. (1980), Transaktionskosten, Wirtschaftssystem und Unternehmertum, Tübingen

Wegehenkel, L. (1996), Humankapital im Transformationsprozeß, mimeo, Ilmenau

Weisbrod, B. A. (1964), External Benefits of Public Education. An Economic Analysis, Princeton

Weiss, A. (1995), Human Capital vs. Signaling Explanations of Wages, in: Journal of Economic Perspectives 9, S. 133 - 154

Weiss, Y. (1971), Learning by Doing and Occupational Specialization, in: Journal of Economic Theory 3, S. 189 - 198

Weiss, Y. (1986), The Determination of Life Cycle Earnings: A Survey, in: Ashenfelter, O., Layard, R. (Hrsg.), Handbook of Labour Economics, Volume I, Amsterdam et al., S. 603 - 640

Weiss, Y. (1996), Growth and Labor Mobility, Polachek, S. W. (Hrsg.), Research in Labor Economics, Volume 15, S. 1 - 23

Weißhuhn, G. (1977), Sozioökonomische Analyse der Bildungs- und Ausbildungsaktivitäten, Berlin

Werner, H. (1996), Economic Integration and Migration: The European Case, in: van den Broeck, J. (Hrsg.), The Economics of Labour Migration, Cheltenham, Brookfield, S. 159 - 194

Whitehead, A. K. (1981), Screening and Education: A Theoretical and Empirical Survey, in: British Review of Economic Issues 3, S. 606 - 620

Whitney, J. O. (1996), The Economics of Trust. Liberating Profits and Restoring Corporate Vitality, New York et al.

Williamson, O. E. (1963), A Model of Rational Managerial Behavior, in: Cyert, R. M., March, J. G. (Hrsg.), A Behavioral Theory of the Firm, Englewood Cliffs, S. 137 - 152

Williamson, O. E. (1964), The Economics of Discretionary Behaviour: Managerial Objectives in a Theory of the Firm, Englewood Cliffs

Williamson, O. E. (1975), Markets and Hierarchies: Analysis and Antitrust Implications. A Study in the Economics of Internal Organization, New York, London

Williamson, O. E. (1979), Transaction-Cost Economics: The Governance of Contractual Relations, in: Journal of Law and Economics 22, S. 233 - 261

Williamson, O. E. (1981), The Economics of Organization: The Transaction Cost Approach, in: American Journal of Sociology 87, S. 548 - 577

Williamson, O. E. (1985), The Economic Institutions of Capitalism. Firms, Markets, Relational Contracting, New York, London

Williamson, O. E. (1989), Transaction Cost Economics, in: Schmalensee, R., Willig, R. (Hrsg.), Handbook of Industrial Organization, Volume I, Amsterdam, S. 136 - 184

Williamson, O. E., Waechter, M. L., Harris, J. E. (1975), Understanding the Employment Relationship: The Analysis of Idiosyncratic Exchange, in: Bell Journal of Economics 6, S. 250 - 280

Willis, R. J. (1986), Wage Determinants: A Survey and Reinterpretation of Human Capital Earnings Functions, in: Ashenfelter, O., Layard, R. (Hrsg.), Handbook of Labour Economics, Volume I, S. 525 - 602

Willms, M. (1995), Strukturpolitik, in: Bender, D. et al., Vahlens Kompendium der Wirtschaftstheorie und Wirtschaftspolitik, Band 2, 6. Aufl., München, S. 371 - 404

Winkler, G. M. (1994), Entscheidungen und Präferenzen. Die Rationalisierbarkeit individueller Wahlhandlungen, Heidelberg

Woodhall, M. (1987a), Economics of Education: A Review, in: Psacharapoulos, G. (Hrsg.), Economics of Education: Research and Studies, Oxford et al., S. 1 - 8

Woodhall, M. (1987b), Human Capital Concepts, in: Psacharapoulos, G. (Hrsg.), Economics of Education: Research and Studies, Oxford et al., S. 21 - 24

Zangemeister, C. (1993), Erweiterte Wirtschaftlichkeitsanalyse (EWA) - Grundlagen und Leitfaden für ein Drei-Stufen-Verfahren zur Arbeitssystembewertung, Dortmund

Zangemeister, C. (1994), Erweiterte Wirtschaftlichkeitsanalyse (EWA) - Verfahrenstypologie und Drei-Stufen-Ansatz zur Arbeitssystembewertung, in: Fortschrittliche Betriebsführung und Industrial Engineering 43, S. 63 - 71

Zeraschi, H. (1978), Die Musikinstrumente unserer Zeit, Leipzig

Zimmermann, K. F. (Hrsg.) (1992), Migration and Economic Development, Berlin et al.

GPSR Compliance

The European Union's (EU) General Product Safety Regulation (GPSR) is a set of rules that requires consumer products to be safe and our obligations to ensure this.

If you have any concerns about our products, you can contact us on ProductSafety@springernature.com

In case Publisher is established outside the EU, the EU authorized representative is:

Springer Nature Customer Service Center GmbH
Europaplatz 3
69115 Heidelberg, Germany

Batch number: 10815964

Printed by Printforce, the Netherlands